新农村农家书系

经济林果生产技术

云南省农家书屋建设工程领导小组　编

云南出版集团公司

云南科技出版社

·昆　明·

图书在版编目（CIP）数据

经济林果生产技术/李时荣等编著. —昆明：云南科技出版社，2009.3（2018.9 重印）
（新农村农家书系）
ISBN 978-7-5416-3083-5

Ⅰ. 经… Ⅱ. 李… Ⅲ. 经济林—栽培 Ⅳ. S727.3

中国版本图书馆 CIP 数据核字（2009）第 031250 号

云南出版集团公司
云南科技出版社出版发行
（昆明市环城西路 609 号云南新闻出版大楼　邮政编码:650034）
昆明市五华区瑆煜教育印务有限公司印刷　全国新华书店经销
开本：850×1168mm　1/32　印张：3.875　字数：100 千字
2009 年 3 月第 1 版　2018 年 9 月第 5 次印刷
定价：15. 00 元

《新农村农家书系》编委会

本册编著：李时荣　李　铃　陈舒怀
寻良栋

序 言

推进社会主义新农村建设，是符合国情、顺应潮流、深得民心的历史选择，是统筹城乡发展、构建和谐社会的重要部署，是加强农业、繁荣农村、富裕农民的重大举措。党的十六届五中全会通过的《中共中央关于制定国民经济和社会发展的第十一个五年规划的建议》，指出了建设社会主义新农村的重大历史任务，为做好当前和今后一个时期的“三农”工作指明了方向。党的十七大报告中指出：解决好农业、农村、农民的问题，事关全面建设小康社会大局，必须始终作为全党工作的重中之重。要加强农业基础地位，走中国特色农业现代化道路，建立以工促农、以城带乡的长效机制，形成城乡经济社会发展一体化新格局。中共云南省委、云南省人民政府《关于贯彻〈中共中央国务院关于推进社会主义新农村建设的若干意见〉的实施意见》是对我省新农村建设的具体指导。

新闻出版业“十一五”发展规划指出，要积极组织实施“农家书屋”工程，充分发挥政府、社会等各方面的力量。目前，“农家书屋”工程作为新闻出版总署的头号工程正紧锣密鼓地展开，受到广大农民群众的热烈欢迎，已成为新闻出版服务农村工作的一大亮点。为配合这项工程，云南省新闻出版局等部门按照省委、省政府关于建设社会主义新农村的部署和要求，紧密结合我省农业发展实际，适应农民群众接受能力和水平，组织编写并由云南科技出版社出版《新农村农家书系》，这是重视农业、支持农村、服务农民，助力我省新农村建设的实际行动，是推进新农村建设的具体举措。目的是在新形势下让广大农民朋友成为有文化、懂技术、会经营、遵纪守法的新一代农民。

《新农村农家书系》是云南科技出版社继《云岭新农民素质丛书》之后又一套服务于“三农”的农村图书。该书系第一辑由84种图书组成。而这84种图书，又由以下几个部分构成：劳动力转移技能篇、卫生防疫医疗篇、实用技术养殖篇、实用技术种植篇、农作物病虫害防治篇、新型农民素养篇。

本书系从云南实施“农家书屋”的实际出发，以贴近农村、贴近农民而精心设计。充分发挥新闻出版行业优势，制定切实可行的农民读书方案。注重持续发展，使“农家书屋”的图书让农民看得懂、用得上、留得住；每年都有新品种持续出版。技术内容突出农业结构调整与产业发展的要求，图书在内容上本土化、原创化。

农业丰则基础强，农民富则国家盛，农村稳则社会稳。希望社会各方面进一步关心、支持、参与新农村文化建设，推进“农家书屋”工程建设步伐，使“农家书屋”工程成为惠及广大农民群众的民心工程，推动我省农村走生产发展、生态良好、生活富裕的文明发展道路。

目 录

香 椿

香椿为楝科香椿属植物。原产中国，已有2000多年栽培历史。我国南北各地均有栽培，全国分布北界大致与年平均气温10℃的等温线一致。香椿分布省区：东起辽宁南部，西至甘肃，北至内蒙古自治区南部，南到广东、广西、云南。但长期以来多数为零星种植，很少有成片栽培。20世纪70~80年代，国内有些省开始大面积人工种植，利用香椿营造用材林、防护林和食用林等。90年代，山东、河南、河北、安徽、湖南等省，相继迅速发展蔬菜用香椿生产，栽培技术有了长足发展，部分地区已将发展香椿生产作为农村发展商品经济、增加收益的致富途径。

一、经济价值

香椿为速生树种，特别在前期生长较快，在较好的立地环境中，香椿的人工林10年左右便可长成中径材，能较快地收到效益。在肥沃湿润土壤中，实生苗年生长量达1~1.5米，3年生苗高可达4.5米，第2至第8年间为香椿生长高峰期，每年可长高3米左右。10~15年生树高可达30米，胸径达30厘米，达到用材标准。香椿木材边材较宽，红褐色，心材深红色，纹理直，具有光泽，材质较硬，收缩性小，易干燥，变形小，耐腐，抗虫。香椿树皮含有川楝素、甾醇和鞣质，叶含有挥发性油，种子含油率38.5%，木屑和根中含油率0.5%~1%，油可食用或做工业用干性油，制作肥皂、油漆等。树皮纤维长而韧，可代替麻用，可做造纸原料。

香椿的菜用价值：香椿的芽和叶香气浓郁，食味鲜美，质脆，多汁，无渣，含有丰富的营养物质，是上等蔬菜。

香椿芽除鲜食外，还可制成各种加工品，延长供应时间，腌香椿和脱水香椿四季可食，便于携带，风味独特，营养价值高。香椿的各种加工品，远销东南亚地区。

香椿种子可生产芽菜。芽菜风味独特，营养丰富，白嫩，味鲜美，可炒食或油炸。香椿的叶、芽、根皮和果实均可入药，根据实验和民间应用结果得知，香椿的煎剂有抑制金黄色葡萄球菌、肺炎球菌、痢疾杆菌、绿脓杆菌、大肠杆菌的作用；香椿叶煮水能治疮疥……栽植香椿除了提供木材和蔬菜外，还可以在涵养水源、保持水土、防风固沙、减少水库区淤积、改善生态环境等方面发挥巨大作用。

二、主要栽培品种

香椿菜用林栽培要注意品种选择。根据香椿出芽初期和幼叶的颜色可将香椿划分为红椿和绿椿两类。红椿树冠开阔，树皮灰褐色，初出幼芽绛红色，有光泽，香味浓，纤维少，含油脂多，品质好。绿椿树冠直立，树皮绿褐色，嫩叶很快变成淡绿色，叶片含油少，香味稍淡，纤维多，品质一般。

1. 红香椿

芽初生时芽薹及嫩叶为棕色，鲜亮。一年生植株树干绿色，3～4 年生幼树主干棕褐色，长成商品芽约需 6～8 天，全芽为棕红色，基部及复叶下部的小叶带绿色，嫩芽的芽薹及复叶柄粗壮，脆嫩、多汁、渣少、香气浓、味甜、无苦涩、味道纯正，品质上等。在湿润肥沃的土壤上生长极快，椿芽耐低温，适合保护地栽培。

2. 褐香椿

芽初生时芽薹及嫩叶褐色、鲜亮、芽粗短、小叶叶片较大、肥厚、皱缩很深、微被白茸毛。5～12 天长成商品芽，芽薹基部及复叶下部的小叶带绿色。嫩芽脆嫩、多汁、无渣、微有苦味、香气极浓，生食时用开水速烫 2～3 秒钟或腌制后，味道纯正，品质上等。喜肥水，在干燥瘠薄地上生长不良，耐寒性较差。主干粗壮而矮，枝条开张，有些植株可自然矮化，适宜温室栽培。

3. 黑油椿

芽初生时芽薹及嫩叶紫红色、油亮、复叶下部的小叶表面墨绿色、背面红褐色，芽薹向阳面紫红色，阴面带绿色，小叶皱缩，较肥厚，生食无苦涩味。黑油椿嫩芽肥壮、香气特浓、含油脂多、脆嫩、多汁、味甜、无渣、品质上等。

4. 水　椿

水椿发芽抽枝力非常强，材积增长快。1～2年生枝淡红色，以后变为青灰色，分枝角度小，芽淡紫色，易抽薹，薹粗壮、肥嫩、纤维少、多汁、香味较淡、无苦涩味，适宜鲜食，味清脆可口。

5. 红芽绿香椿

芽初生时芽薹和嫩叶淡红色，鲜亮，5～7天后除尖端为淡红色外，其他部分均变为淡绿色，6～10天长成商品芽，整个芽体均为绿色，嫩芽粗壮、鲜嫩、味甜、多汁、渣少、香气淡、宜鲜食。发芽较早，生长较旺盛，产量高，幼芽木质化缓慢，可作温室早熟品种栽培。

三、生物学特性

1. 香椿生长习性

落叶乔木，树高25米，胸径可达70厘米，采椿芽的树体因受人为地影响而主干矮，分枝低。菜用香椿常常进行强制性的矮化整形和修剪，使树体成灌木状或扫帚形。香椿树皮呈不规则的条状纵裂，片状剥落；枝条红褐色或灰绿色；叶互生，偶数羽状复叶，长25～80厘米，有香味，小叶10～22个，对生或近对生，矩圆状披针形，长8～15厘米，宽2.5～4厘米，先端尖，基部圆形，不对称，叶缘有锯齿或近全缘，叶柄红绿色，有浅沟，基部肥大；两性花，白色，顶生下垂圆锥形花序；蒴果狭椭圆形或近卵圆形，长1.5～2.5厘米，成熟时红褐色，皮孔明显，5瓣裂开；种子椭圆形，一端有膜质长翅；花期5～6月，果熟期10～11月。

实生幼苗具子叶两枚，长10～18毫米，宽5～9毫米，先端圆，第一、第二真叶为三出复叶，顶生小叶菱状卵形，侧生小叶卵形，基部歪斜，叶缘每边有2～3个锯齿，第四至第六片真叶由5～7片小叶组成，以后每隔2～3片复叶，增加一对小叶，香椿幼苗为奇数复叶，叶缘有锯齿，随着苗龄的增加锯齿逐渐减少。

2. 对环境条件要求

香椿是暖温带树种，亚热带地区也有分布。

(1) 温　度

香椿生长要求年平均气温8～10℃，1月份平均气温 －1～4℃，7月份平均气温28～32℃，极端最低气温25℃，极端最高气温35℃ 。香椿萌芽的起始温度为7～9℃，生长期内的适宜温度为10～30℃。气温高于35～40℃时，香椿生长受抑制，叶子卷曲，易萎蔫，甚至停止生长。日均温不足10℃时，香椿生长也不良，日均温度5℃时停止生长。

(2) 湿　度

香椿栽培要求年平均降水量600毫米以上。香椿耐旱性较差，在较寒冷而又干旱的地区，早春幼树容易枯梢，随着树龄增大，抗旱、抗寒能力逐渐加强。香椿不耐涝。

(3) 日　照

香椿喜光，不耐阴，幼苗不能栽培在其他树木下面，在背风向阳温差大的地方椿芽色泽鲜艳、香味浓、品质好。在日照不足，降雨多，空气湿度大的地方，香椿芽多为绿色，含水分多，味淡。

(4) 土壤条件

香椿对土壤的适应性较强，在酸性土、中性土、钙质土和含盐量在0.15%以下的轻盐碱地中，均可正常生长。在有机质含量较高，土层深厚、疏松、肥沃的土壤中根系发达。故在河流两岸、梯田、台地埂下香椿生长旺盛。在石灰质土壤中，生长良好，在石灰岩发育的土壤中栽培的香椿生长也很好。但是在结构差的粘土、瘠薄的沙土，椿芽生长慢，品质差，主干弯曲多节，木材颜色较深，弹性差，树体容易早衰。一般来说，香椿在水湿条件好的地方生长最好、生长快。地下水位过高，根系发育不良，树势衰弱，新枝萌发力弱，产芽量低。地下水位不足3~5米时，香椿易受旱害，植株生长缓慢，椿芽品质差。

(5) 其　他

香椿抗污染和抗有害气体的能力弱，在氯化物污染的环境下，生长不良，顶部嫩枝和叶片均会受害。灌溉用水需清洁。

四、苗木培育

1. 实生苗培育

(1) 种子采集

香椿种子小，容易失去发芽力，当香椿果皮刚刚由绿变黄尚未开裂时立即采收果实，风干后，蒴果裂开，取出种子后干藏。

(2) 种子处理

香椿种子小，种皮坚硬，生活力弱，直播不易吸收水分，发芽困难。一般落叶树种子采集后有一个低温春化过程，为使种子出苗整齐，需要进行沙藏和催芽处理。常用方法有两种：

①将种子混入清洁河沙拌匀、洒水，湿度以手握成团、放手能散开即可。将其装入木箱、罐、钵内，置室内阴凉处。或在室外背阴处挖坑，将湿沙和种子分层放入埋好，上面盖草席或农作物秸秆避雨。沙藏时间约60天。在沙藏过程中要经常翻动检查，

避免发霉。翌年2月中旬播种前，将贮藏种子适当增温保湿，对种子进行催芽，待种子有90%露白时，即可播种。

②播种前用30～40℃温水浸种一昼夜。种子吸足水后捞出，放于蒲包内，并置于温暖处，每日早晚用清水各洗一次，并不时翻倒均匀，使其通气，待有5%以上种子露白时，即可用于播种。

（3）播种前准备好苗床

地势平坦、光照充足、用排水良好的沙壤土和土质肥沃的壤土作苗床。结合做床，施足基肥（每公顷75 000千克），整地时要平、细，深度一般在25厘米以上，把肥料撒匀、翻透、搞碎土垡、拾去石块、草根等。苗床依苗圃地势，作成低床或平床，地下水位高的苗圃可作成高床。苗床宽1.2米，步道30厘米，床长依地形而定，一般不超过15米。

（4）播种方式

云南冬春干旱，为了便于管理、节约用水、节约用工，可采用撒播，待小苗出齐、雨季来临时，进行一次小苗移栽。移植床宽2.5～3米。亦可用条沟播种，行距20厘米，出苗后不进行移栽，但要经过1～2次间苗。为了保持墒情，不论撒播或条播播种前应在苗床上浇足底水，待水渗透苗床后，将催好芽的香椿种子均匀地撒播在床面或条沟内，然后覆土厚2厘米，稍压实。播种后，床面要用松针或农作物秸秆覆盖，既保暖保湿，又避免淋水把种子冲走。播种后，也可以在床埂上用竹竿做支架，用塑料膜覆盖，这样可以提高地温，也可保持床面温度和湿度。当苗出齐后，摘除覆盖物，小苗出土长出4～6片叶时，去掉塑料膜，进行间苗，以株距10厘米留苗。以后要除草、松土、适时浇水，雨季来临、苗高10～15厘米时，可起苗，按株行距10厘米×20厘米移植在大田中，培育大苗，每667平方米（1亩）可育苗20 000～24 000株。

2. **根蘖苗培育**

香椿根上的不定芽萌发力很强，于早春树叶萌发前，在树冠周围地下挖40~50厘米深的沟，切断根系，刺激根上的不定芽萌发，形成大量根蘖苗，在初冬或早春挖取根蘖苗栽植。生产上利用香椿根系繁殖苗木的方法还有埋根育苗、留根育苗、插根育苗等。

3. **插枝育苗**

（1）硬枝扦插

初冬香椿树落叶后，选1~2年生枝条，剪成15~20厘米段，上口剪平，剪口距最上一个芽1.5厘米左右，下端剪成斜口，将插穗下口对齐捆成100条一捆，埋在沙堆中贮藏越冬，第二年春天取出时，将插条下端在0.05%萘乙酸液中浸2~4小时，洗净后插在苗床中，插后盖地膜，保持25℃左右的温度和85%以上的湿度，再经过精细管理，第二年就可以出圃。

（2）软枝扦插

使用半木质化或多半木质化的枝条做插穗的成活率高；根基或茎干上的萌芽枝做插穗比树冠上部的枝条更容易生根成活。具体方法是：6月下旬至7月初，选主干上离地面20厘米内抽生的70~80日龄，且已进入半木质化的1级枝，剪成20厘米或10~15厘米段，下端削成斜口，除去枝段下部的叶片，保留上部1~2片复叶基部的两对小叶，剪除其余小叶。插条剪口蘸一下0.02%的ABT2号生根粉或维生素B_2液或0.05%萘乙酸，然后按株距40厘米、行距40厘米扦插到苗床上，苗床土壤要肥沃、湿润。床面上搭小拱棚，保持85%~90%的空气湿度和22~30℃的温度，50天左右可生根。

为了提高扦插成活率，可将枝条插入扦插箱，箱内的介质可用蛭石、珍珠岩和河沙的混合物，也可用生土，扦插箱放在塑料大棚内保持70%以上相对湿度和25℃左右的温度，每天喷水3

次，扦插前枝条在 ABT2 号生根粉液中浸 4 ~ 6 小时，或用 0.01% 吲哚乙酸处理 22 小时，可提早发根。

嫩枝扦插苗长到一定大小时，就可移栽到苗圃继续培育，第二年秋季出圃定植。在气候高寒地区，香椿幼苗落叶后起苗，假植在背风向阳处，使之安全越冬，或利用塑料大棚保护香椿越冬。第二年春，假植苗未萌动前上山定植。

（3）组织培养育苗

有条件的地方可采用组织培养方法育苗。

五、香椿用材林的造林与抚育

1. 香椿生产模式

当前各地香椿生产模式：①用材林造林；②菜用林栽培；③芽材兼用林栽培；④高密度矮化栽培；⑤保护地栽培。香椿依经营目的不同，造林地选择、栽培方式、种植密度、树体管理技术均有不同。

2. 造林地选择

造林地要以香椿的生物生态习性、种源区生态环境和当地条件对比分析后选择。首先，影响香椿造林的气候条件是光照、水分和热量。香椿是强阳性树种，在生长发育过程中要有充足的阳光，否则生长不良。其次，地形地势的变化可导致小气候发生变化，影响植被、土壤的发育。地势的变化影响热量的分配，云南立体气候明显，香椿造林地海拔高度不应超过 1900 米。必须选择向阳、湿润、土层深厚、肥沃的地方做香椿造林地。第三，香椿对土壤条件要求不高，但在干燥贫瘠的土壤上生长不良。从香椿的天然分布看：石灰岩土壤椿树生长较好，沙壤土和轻粘土生长亦良好，红色粘上椿树生长较差。香椿喜钙，对 pH 值的适应范围较宽（5.6 ~ 8.6）。香椿在土层深厚（60 厘米以上）、疏松、肥沃的土壤上能获得丰产。

3. **造林密度**

造林密度对香椿树冠生长影响很大，密度适当的情况下可提高树干通直度，促进自然整枝，提高材质。密度太大会影响生长；密度太小干形和材质相对较差，单位面积产量低。造林密度一般以每公顷栽 1 667 ~ 3 100 株为宜，即株行距为 2 米 × 3 米或 1.5 米 × 2 米。生产大径材的，生产周期相对较长，林分高大的椿树，需要营养面积宽，种植密度以每公顷 1 111 ~ 1 667 株为宜。或造林时初植密度大些，通过间伐再保留较小密度。

香椿是一种强阳性速生树种。也可在村旁、路旁、房前屋后广泛种植。如果造林地立地条件差，则造林成林困难，植株生长较慢。为了增加幼林保存率，尽早郁闭，增强抗性，必须适当密植，增大造林密度。

4. **整 地**

整地是改善立地环境条件，提高造林成活率，加快林木生长的重要措施。南方山地用材林整地，以局部整地方式为主，有条件的地区，可以使用带垦、条沟、水平台地或撩壕等方式。整地水平高，香椿生长快。通常山地造林采用整地规格：长、宽、深分别为 60 厘米 × 60 厘米 × 50 厘米，按“品”字形排列。

5. **施基肥**

定植前施基肥是香椿造林获得较高效益的重要措施，施肥对香椿生长的影响比整地的影响大。施肥可以大大增加香椿年生长量。基肥以农家肥、土杂肥配合化肥施用效果最佳。基肥（底肥）施肥量：磷肥 200 克/株，或厩肥 5 千克/株，或发酵油菜枯 250 克/株。基肥在定植前与表土充分混合后回填穴底部，底土放在上边，回填土应高于地表。

6. **定 植**

定植季节在冬季或早春。定植时苗木根部要保湿，底肥要与土壤拌匀，苗木根系避免与肥料直接接触。栽植前从苗圃先起苗，苗根部要蘸泥浆，经长途运输的苗木可浸水1~2天，使根充分吸水，以利提高种植成活率。植苗时，苗要端正放入定植穴内，使根系舒展，填一层土埋住根系后，轻轻提苗，使根舒展，曲根理直，使埋土沉实，并与根部密切结合。覆土高度应比根颈原土印痕高出3~5厘米，用脚踏实，再覆土，再踏实，然后再覆松土，并在树苗周围做一个直径约50厘米的树盘，便于浇水，栽植后浇一次定根水，水下渗后树盘内再覆些干土，避免土壤板结，减少水分蒸发。窝根的苗木，或回填土不足，苗根落在穴下部，以后椿苗生长不旺，发枝短，芽细弱，或雨季穴内积水，苗被淹死。定植时预留部分补植用苗，缺塘的及时补栽。

7. 幼林抚育管理

(1) 松土除草

香椿造林后忌周围杂草对幼苗覆盖、遮光，需要人工以植株为中心由内向外松土、除草，因浇水根颈外露的，要及时培土。从造林当年起每年抚育1~2次，连续进行5年，头两年每年抚育2次，后3年每年1次。抚育时间，应在早春抽芽时和夏初雨季前，或秋末进行。最好的抚育方法是，林粮间作，以耕代抚。

(2) 施追肥

松土、除草的同时，加施追肥，追肥时间在4月或7~9月，追尿素20~50克/株，或油菜枯100~200克/株，或复合肥100克/株，每年追施1~2次，连续追施2~3年。施肥方法：在树冠投影外围沟施，或树冠下穴施。沟施和穴施开挖深度约15厘米。

(3) 抚育间伐

当香椿林郁闭后，植株分化明显时，须及时抚育间伐，消除林木间的激烈竞争，给保留木创造优良生长条件。抚育间伐方法，多采用下层疏伐法：当林木郁闭度达0.8以上，香椿的直径、高生长有普遍下降趋势时，应开始疏伐，即：去劣留优，适当照顾疏密度。将下层被压木砍掉，保留生长发育正常、干直、适宜于培育成材的优势木、次优势木和中等木。砍去生长发育差、弯曲、残伤、风倒、风折和病虫的植株。按蓄积量计算间伐量一般为15%～20%。第一次抚育间伐之后相隔6年左右，确定第二次间伐。主伐年龄在20年左右，可疏伐2～3次。采伐与更新应根据需要进行。

六、香椿菜用栽培技术

1. 园地选择

菜用香椿林栽培目的是采收椿芽，要求椿芽产量高，芽薹生长缓慢，不易木质化，产品肥嫩鲜美。因此，林地应选择交通方便，气候适宜，土壤湿润肥沃、土层深厚、光照条件好，有灌溉条件，这样便于管理和经营。

2. 栽植密度

菜用香椿林多采用高密度栽植，一般株距15～20厘米，行距60～70厘米，每667平方米土地上栽植6 000～8 000株。

3. 定　植

早春芽萌动前起苗定植到大田，大田经全面耕翻整地，每公顷施入有机肥60 000千克作基肥，然后起垄栽苗，垄间距60～70厘米，垄高20～30厘米，在垄上以株距15～20厘米定植，定植后要浇足定根水，以后适时松土、锄草、灌水，雨季及时排水。

4. 施肥和浇水

春季干旱，必须保证有水灌溉，保持田间土壤潮润，6月上、中旬雨季到来，可以施追肥，每公顷追施尿素225～300千克促使植株积累营养，形成饱满的顶芽。

5. 田间管理

从6月下旬开始，在椿树基部向上8～15厘米处短截定干，促使植株分枝，形成主枝。在7月上、中旬树高40~50厘米时打顶尖（摘心），促使侧芽萌发，长成侧枝，打顶尖（摘心）时间，视幼树长势灵活掌握，弱树可晚摘心，此时间要控制肥水。在这种管理水平下，入冬幼树高度可达0.8~1.5米，主干直径达2~3厘米，主枝2~3个，侧枝5~6个。

七、高密度矮化栽培技术

高密度矮化栽培目的是提高香椿芽单位面积产量，实现早期丰产，便于采芽作业。矮密栽培要求园地土壤条件好，肥水管理要跟上。

1. 常用密植措施

(1) 采用大苗定植

一般用高0.8~1米，干粗0.8~1厘米的苗木栽植。

(2) 用单株栽植或丛状栽植

单株栽植时，行距1.5~2米，株距0.8~1米，或用大小行距栽植，大行距1~3米，小行距1~2米，株距0.2~0.3米。丛状栽植时，行距2.5~3米，丛距2米，丛内株距0.3~0.5米，呈三角形配置。

2. 矮化和促发枝措施

菜用香椿要求培养成多侧枝，多顶芽的矮化树形。主要技术措施如下。

(1) 摘心或短剪

苗木生长期间（6月中、下旬）苗高40~50厘米时，留干15~25厘米进行摘心或短截。20天后可发出2~5个侧芽，秋季能长成10~15厘米长的充实短枝，为翌年多收椿芽创造条件。如果第一次摘心后，新梢生长量大，植株偏高，则8月中旬再次摘心或短剪，摘心后如果树势仍然很旺，可打去枝条基部1/3的叶片控制生长。

(2) 平 茬

平茬是一种重短截，6 月上、中旬，对 2 年生以上幼树，在离地 5 ~8 米或 15 ~20 厘米处短截，既可矮化树形，又能促进发侧枝或更新树冠。平茬过早，新梢生长旺盛或生长过高，必须进行第二次短剪或摘心。一般平茬后能萌发出 5 ~8 个芽，成枝2 ~3 个。

(3) 药剂处理

近年来生产上采用化学药剂处理，可使树体矮化，有利制造和积累光合产物，以利形成饱满芽体。常用药剂：

①多效唑。用 15% 的多效唑 200 ~400 倍液，喷树体顶部枝叶，每隔 10 ~15 天喷1 次，连喷 2 ~3 次，可以起到抑制香椿生长，使树体矮化，增进叶片光合效能，提高椿芽质量的作用。使用时间，从 6 月底开始至 7 月中、下旬。

②三碘苯甲酸。每公顷用药 3 750 ~4 500 克，配成 750 ~1 050 升药液，15 ~20 天喷 1 次，连喷 2 ~3 次，可以起到使树体矮化，多生侧枝的作用。

(4) 断 根

6 月上旬至 7 月上旬，苗高 30 ~40 厘米，并开始旺盛生长时，用锐利铁铲铲断苗木地下 30 厘米以下的主根，促生新根，能抑制地上树体的生长，使茎干矮化。

(5) 环 剥

生长季（5 月中、下旬至 6 月间）在枝干上环割两刀，间距 1. 5 ~2 厘米，切断皮层，不要伤及木质部，然后剥去中间一圈树皮。可以起到阻碍环剥口以上同化产物不往下流，抑制根系生长，从而使树体矮化，并能刺激环剥口以下的侧芽和隐芽萌发。有利树冠各骨干枝营养积累，促进枝条生长粗壮，顶芽饱满，翌年椿芽多。

3. **矮化树形的培养**

(1) 灌木形

6~7月间，苗高30~40厘米时，对当年生枝进行短剪，保留主干15~20厘米并带2~3片复叶。25~30天后，复叶柄基部萌芽抽出2~3个枝条作为主枝，待主枝长成30厘米以上时，留5~10厘米再短剪，促使每个主枝上发出1~2个侧枝。翌年在侧枝上培养第3、第4级副侧枝。经过两年，可以培养成树高1米，具有4级侧枝，6~10个分枝的矮化树形。

(2) 纺锤形

苗高1米左右时摘心，促发侧枝，新梢不打顶，只采摘嫩叶，待侧枝长到20~30厘米时，再摘心，以后发出的侧枝任其自然生长，疏去细弱枝和位置不当的枝条，形成树干较矮、树冠主枝较多的纺锤形树形。

(3) 丛状形

适合丛状栽植，丛距1米，3株1丛，丛内株距0.25米，定植后第二年，连续采摘顶芽2~3次，控制株高，并多生侧枝，在壮枝基部5~10厘米处，进行环剥，促使侧芽萌发，培养成2~3个侧枝。翌年离根颈20~30厘米刨断近地表的粗根，促发3~5株根蘖苗，经3~4年的处理，可培养成每株有15个以上椿头芽的丛生树形。

4. **矮化密植园的水肥管理**

(1) 水

定植后浇一次定根水，雨季来临前视墒情适时灌水，每次浇水后或雨后，须及时除草松土。雨季要注意排涝。

(2) 施　肥

4~5月和7月各施追肥一次，每公顷用尿素150~300千克或人粪尿15 000~22 500千克，进入9月施一次磷肥，每公顷用过磷酸钙750~900千克。进入采摘年龄后，每年萌芽以前浇一次透水，第一次采摘前 3～5 天施一次化肥或人粪尿，大树每株用尿素 0.5～1 千克，幼树用 0.1～0.2 千克，施肥后浇水。新梢长到 3 厘米左右时，喷 0.25% 尿素。6～7 月间香椿树经多次采摘养分消耗很多，树体衰弱，应及时追施一次氮、磷、钾完全肥料，用量每 667 平方米（1 亩）10～20 千克。落叶后，行间进行耕翻，同时施入腐熟厩肥，提高土壤有机质含量。

八、病虫害防治

1. 常见病害

(1) 香椿根腐病

病原菌为丝核菌。以无性世代繁殖为主，有性世代繁殖只在高温、高湿下偶有发生。原菌在土壤中生存、传播和危害。

症状：在幼苗期表现为芽腐、猝倒和立枯，多在夏季阴雨和排水不良的苗圃或林内发生。

防治：做好土壤消毒，用 0.5～1 千克石灰撒入栽植穴内，拌匀后再栽树。出圃苗木用 5% 的石灰水或 0.5% 高锰酸钾液浸根 15～30 分钟，再用清水洗净后栽植。发病轻的树，用 50% 代森铵 800 倍液浇根，每株用 3～4 千克。

(2) 香椿叶锈病

危害香椿叶片，引起叶斑。病原菌为三孢柄锈菌。初夏发生夏孢子，可多次浸染、扩展快。冬孢子在叶片生长后期发生，由气流传播。

症状：夏孢子堆生于叶片两面，散生或群生，突出于叶面，黄褐色。冬孢子堆于叶片背面，呈不规则的黑褐色病斑，散生或相互合并为大斑，突出于叶背。染病植株生长缓慢，叶斑多，严重时引起落叶。

防治：冬季扫除落叶焚烧。发病前喷 5 波美度石硫合剂。发病初期喷 0.2～0.3 波美度石硫合剂。或喷 15% 可湿性粉锈宁

600 倍液。

（3）香椿白粉病

寄生于叶背面，引起叶枯。病原为榛球壳菌。以闭囊壳在叶上过冬，翌年春天从闭囊壳中放出子囊孢子，借风雨传播。

症状：叶片受浸染后，初期发生褪绿病斑，形状不规则、逐渐在叶背、叶面及嫩枝表面产生白色粉状物，后期变为黄白色，逐渐变成黄褐色，最后变为黑色大小不等的小点。严重受害时，叶片卷曲枯焦，枝条扭曲变形，甚至枯死。

防治：在发病时，及时连续清除病枝、病叶、烧毁。在发病初期，用 0.2～0.3 波美度石硫合剂喷洒，每半月喷一次，每次每公顷用药 1 500 千克左右，喷 2～3 次效果良好。用百菌清、灭菌丹、二硫散、敌克松、退菌特等药剂，效果也良好。或用 1:1:200 倍波尔多液；或 50% 退菌特可湿性粉剂 800～1 000 倍液；或 15% 粉锈宁 600～800 倍液喷洒。

2. 主要虫害

（1）铜绿金龟子

症状：以老熟幼虫在土中越冬，翌年 4 月上旬到表土层活动危害，6～7 月是成虫发生高峰期，成虫危害叶片，7 月中旬为产卵盛期，7～8 月出现 1～2 龄幼虫，9 月大部分幼虫进入 3 龄，食量增大，危害幼茎，幼虫在皮层及木质部钻蛀隧道，被害树木大部分枯死。2～3 年完成一代，以幼虫或成虫在树干剥食树皮层。

防治：用黑光灯诱杀成虫；人工振落捕杀；用 90% 敌百虫 800 倍液喷洒，或用 50% 辛硫磷乳油 250 克加水 250 毫升喷洒或灌根杀幼虫。

（2）云斑天牛

属鞘翅目，天牛科。

症状：杂食性，以幼虫或成虫在树皮内越冬。6 月上旬成虫出现，啃食嫩枝皮层补充营养，经 30 ~ 40 天开始交尾产卵，雌成虫在距地面 1 ~ 2 米高的树干上咬食树皮然后产卵，卵期 10 ~ 15 天。初孵幼虫蛀食韧皮部或边材，20 多天后，幼虫钻入心材危害。

防治：在产卵和孵化期应随时检查，如发现产卵痕迹或幼虫，立即用人工杀除卵粒，或用药剂毒杀初孵幼虫，或用 40% 氧化乐果乳剂 400 倍液注入排粪孔内，然后用黄泥封口，或用磷化铝片或磷化锌毒签塞入虫孔，毒杀幼虫。

(3) 芳香木蠹蛾

属鳞翅目，木蠹蛾科。

症状：两年一代，以幼虫越冬，成虫 6 ~ 7 月羽化，卵多产于树皮裂缝或植株根部，孵化后，成虫在边材部蛀成不规则的隧道越冬。连续 3 年后，大量孵化后的幼虫 30 ~ 50 条蛀入树皮和木质部之间，从较大的孔洞向外排粪，并有流胶和流水现象。夏季受害处开始腐烂。

防治：撬开树皮，钩出幼虫消灭。挖除腐烂树皮，并在伤口上涂抹石灰，7 ~ 8 月于幼虫侵入孔附近涂抹 50% 杀螟松乳剂，或用 50% 的磷胺乳剂稀释成 2 ~ 2. 5 倍液，毒杀幼虫，也可将药液注入隧道杀虫，羽化期可用灯光诱杀成虫。伐去受害严重的树木并烧毁。

（李时荣　李　铃）

花　椒

花椒属芸香科，花椒属植物。原产我国的约有45种，13个变种，昆明市常见的有8种：刺花椒、毛刺花椒、竹叶椒、小异叶花椒、细柄花椒、大花椒、多叶花椒和花椒。这8个种在昆明市大部分县、区有分布。

一、经济价值

花椒是我国栽培历史悠久的食用调料、香料、油料及药材等多种用途的经济树种。云南是花椒的分布中心之一。花椒的经济利用主要是果实。作为经济栽培仅有花椒一种。花椒果皮富含挥发油和脂肪，可蒸馏提取芳香油，作食品香料和香精原料。挥发油具有浓烈的麻香味，是我国人民普遍食用的调味佳品。可食用或作工业用油，如：制皂、油漆、润滑油等。果实、果皮、果梗、种子及根、茎、叶均可入药，主治胃腹冷痛，呕吐泄泻，吸血虫病。外用治牙痛、脂溢性皮炎。还可用来防除仓储害虫。嫩枝和鲜叶均可直接作菜，种子油枯可作饲料和肥料。此外，花椒枝干有刺，可作果园防护用绿篱。根系发达，固土能力强，具有良好的水土保持作用。花椒种植后3～4年开始结果，7～8年生树株产花椒果皮2～3千克，每公顷以750～825株计，常年每公顷收入在3万元以上。具有较高的经济效益。在许多贫困山区栽培花椒已成为脱贫致富的支柱产业。

二、主要栽培品种

1. **大红袍**

别名：大红椒、狮子头。是栽培最多，范围较广的优良品种。该品种树势旺盛，生长迅速，盛果期树高3～5米，分枝角度小，树姿半开张，树冠半圆形。新梢红色，一年生枝紫褐色，多年生枝灰褐色；皮刺基部宽厚，先端渐尖，叶片宽卵圆形，叶色浓绿，叶片较厚，有光泽，表面光滑；果实 8 月中旬至 9 月上旬成熟，成熟的果实红色，表面疣状突起明显，果柄短，果穗紧密，果实颗粒大，直径 0.5 ~ 0.6 厘米，鲜果千粒重 85 克左右，成熟的果实易开裂，采收期比较集中，晒干后的果皮浓红色，麻味浓，品质上等。一般 4 ~ 5 千克鲜果，可晒干果皮 1 千克。该品种丰产性强、喜肥、抗旱，但不耐寒，不耐水湿。适宜在海拔 500 ~ 1 900 米的山地栽培。

2. **大红椒**

该品种树势中庸，树姿开张，树冠圆头形，盛果期树高 2.5 ~ 4.5 米，分枝角度大，新梢绿色，多年生枝灰褐色；皮刺基部宽扁，尖端短钝，随枝龄增加，常从基部脱落；叶片较宽大、卵状矩圆形，叶色较浅，表面光滑；果实 9 月成熟，成熟的果实红色，具光泽，果皮表面疣状腺点明显，果穗松散，果柄较粗、较长，果实颗粒大小均匀，直径 0.45 ~ 0.5 厘米，鲜果千粒重 70 克左右，晒干的果皮呈酱红色，果皮较厚，香味浓，品质上等。一般 3.5 ~ 4 千克鲜果可晒 1 千克干椒皮。该品种丰产、稳产、抗性强、喜肥、耐湿。适宜在海拔 1 300 ~ 1 800 米的山区栽植。

3. **小红椒**

该品种树姿开张，树势中庸，树冠扁圆形；盛果期树高 2 ~ 4 米，新梢绿色，阳面略带红色，一年生枝条褐绿色，多年生枝灰绿色；皮刺较小、尖，叶片较小，且薄，叶色淡绿色；果实 8 月上、中旬成熟，果皮成熟时鲜红色，果柄较长，果穗较松散，果实颗粒小，大小不整齐，直径 0.4 ~ 0.45 厘米，鲜果千粒重 58 克左右，成熟后的果皮易开裂，采收期集中，晒干后的果皮红色，香味浓，品质上等。一般 3.0 ~ 3.5 千克鲜果晒干椒1 千克。

4. 崖　椒

别名：野花椒、竹叶椒。生于海拔 600 ~ 2 450 米山坡灌木丛中或疏林下，昆明地区广泛分布。灌木或小乔木，枝直出扩展，具弯曲而扁平的皮刺，老枝上的皮刺基部木质化。复叶小，叶片基部有一对托叶状的小皮刺；小叶 3 ~ 9 对，成熟果皮红色，表面具粗大而凸起的腺点，种子卵球形，果实及枝叶可提取芳香油，果皮可作调味品。果、根及叶可入药。

三、生物学特性

1. 形态特征

落叶灌木或小乔木，茎干通常具增大的皮刺，当年生枝被短柔毛，奇数羽状复叶，叶柄腹面两侧有一对扁平而基部较宽的皮刺，叶腹面两侧有狭小的翅，有时被短毛，小叶 5 ~ 11 对，对生，卵形、卵状长圆形、圆形至广卵形、长 1.5 ~ 7 厘米，宽1 ~ 3 厘米，先端急尖或短渐尖，基部圆形或钝，有时两侧略不对称，叶缘有细锯齿，齿缝有粗大透明的腺点，侧脉不明显、背面中脉常有斜向上的小皮刺；聚伞花序顶生，花单性，花被 4 ~ 8，子房无柄，果球形，红色至紫色，密布粗大而凸出的疣状腺点，种子圆球形，直径 3.5 ~ 4 毫米，黑色、有光泽。

2. 生长特性

（1）根

主根常因移栽被切断而并不发达，其长度只有 20 ~ 40 厘米，侧根 3 ~ 5 条，从侧面延伸，同时分生小侧根。花椒为浅根性树种，盛果期根系最深分布在 1.5 米左右，较粗的侧根分布在40 ~ 60 厘米的土层中，较细的根分布在 10 ~ 40 厘米土层中。根系水平分布范围可达 15 米，约为树冠直径的 5 倍左右，而须根和吸收根分布在树干距树冠投影外缘 0.5 ~ 1.5 倍的范围内。一年中，春季萌芽前后；5 ~ 6 月新梢生长缓慢期或生长停滞期；果实采收后的9月下旬至10月下旬；是花椒根系生长的第3个高峰期。花椒根系在土壤疏松，透气性好的地段生长旺盛，但排水不良或短暂积水会造成根系死亡。

(2) 芽

花椒的芽有叶芽和花芽之分。

叶芽：根据发育状况、着生部位和活动性可分为营养芽和潜伏芽两种。营养芽发育较好，芽体饱满，着生在发育枝和徒长枝的中上部，翌年春季可萌发形成枝条。潜伏芽发育较差，芽体瘦小，着生在发育枝、徒长枝、结果枝的下部，多不萌发，呈潜伏状态，寿命长达几十年，当修剪受到刺激才会萌发。

花芽：花芽为混合芽，芽体饱满，呈圆形，着生在一年生枝（结果母枝）的中上部，芽体内既有花器的原始体，又有雏梢原始体，春季萌发后先抽生一段新梢（结果枝），然后在新梢顶端抽生花序，开花结果。花椒树进入盛果期后容易形成花芽。

(3) 枝 条

花椒的枝条分为发育枝、徒长枝、结果枝、结果母枝4种。发育枝是由营养芽萌发而来，当年生枝上不能形成花芽。徒长枝是由潜伏芽萌发而来，它生长旺盛、直立而粗长，多着生在树冠内膛和树干基部，生长速度往往较快，组织不充实，消耗营养多，影响树体生长和结果。结果枝是由混合芽萌发而来，顶端着生果穗。结果枝结果后先端及其以下1~2芽仍可形成混合芽，转化为翌年的结果母枝。结果枝有长、中、短之分，长果枝在5厘米以上，短果枝在2厘米以下。结果母枝是发育枝、结果枝在其上形成混合芽，翌年由混合芽萌发抽生结果枝，开花结果。在结果初期结果母枝主要是由中庸健壮的发育枝转化而来，在盛果期及其以后主要是由生长健壮的结果枝转化而来。

3. **开花和结果**

（1）花芽分化

开始于新梢生长的第一次高峰后，大致在6月上旬至8月上旬花芽开始分化，此后分化有一段时间停顿越冬，到翌年3月完成分化，并开始萌芽。花芽分化的数量和分化的质量直接影响第二年花椒的产量。

（2）开花坐果

花椒花芽萌动后先抽生结果枝，当结果枝新梢第一复叶展开后，花序逐渐显露，一般在5月中旬开花，从现蕾到初花期10~12天，初花期到末花期14~18天，开花时花序长3~5厘米，有花50~150朵，花无花瓣，花被裂开露出子房体后1~2天，柱头向外弯曲，由淡绿色变为淡黄色，具有较多分泌物，此时为授粉的最佳时期。

（3）果实发育

花椒坐果率与树体营养水平有直接关系，结果母枝和结果枝发育粗壮，坐果率就高，可达35%左右，结果枝和结果母枝瘦弱，坐果率不到17%。不良环境，如：枝条过密、光照不良、病虫滋生、长期干旱等会引起落花、落果。花椒果穗由1~4粒无柄的小果组成，谢花后20天左右，果实迅速膨大，体积生长量达全年生长总量的90%以上。此后主要是果皮增厚、种仁充实，随着果实发育，幼果从绿色变为浅红色，当果皮呈现红色或紫红色，表面疣状突起明显，即标志果实已经成熟。

4. **对环境条件的要求**

（1）温　度

花椒喜温不耐寒，在年平均气温为8~16℃的地区都适合栽培，但10~15℃地区栽培较多，低于10℃地区常有冻害发生，休眠期花椒能耐－21℃低温，当春季气温回暖日平均气温达到6℃以上时芽开始萌动，平均气温为16~18℃时开花结果，最适宜果实发育的温度是 20～25℃，春季出现倒春寒，即 3～4 月间，由于强冷空气的侵袭，各地气温骤降，如在此期间连续 3 日平均气温降到 8℃以下。3 月份最低温度下降到 0℃以下，4 月份最低气温下降到 2℃以下。花椒花器或幼果受冻，造成减产。花期遇上低温阴雨天气会造成大量落花、落果。

(2) 光 照

花椒是强阳性树种，光照条件影响树体生长发育、果实的产量和果实品质。一般花椒生长要求年日照时数不得少于 1 800 小时，生长期日照时数不少于 1 200 小时，光照不足时，枝条细弱，分枝少，果粒小，果实着色差，品质差。建园时要注意园地选择和种植密度。

(3) 水 分

花椒抗旱性强，一般在年降水量 500 毫米以上，且分布均匀的条件下，基本能满足花椒生长发育的要求。花椒耐水性很差，土壤含水量过高和排水不良，都会严重影响花椒的生长结果，因此，花椒不宜栽在低洼易积水的地方，雨季应排水畅通。

5. 土 壤

花椒对土壤适应性很强，但是花椒根系喜肥好气，因此，壤土和沙壤土最适合花椒的生长发育，粘重的土壤生长不良，土壤肥沃可满足花椒生长健壮和连年丰产的要求。花椒根系浅，一般土层厚度达到 80 厘米，即可基本满足生长结果要求。花椒对土壤 pH 值要求以中性为好。

6. 地 势

花椒在昆明地区的垂直分布，多在海拔 1 500～2 600 米之间。花椒多在山地栽培，山地海拔高度、坡度、坡向对生长和结果有显著影响，陡坡和上坡土层薄、土壤肥力和水分条件差，花椒长势差。坡向主要影响光照，在云贵高原冬春干旱的情况下，虽然阳坡光照好，但阳坡明显比阴坡或半阳坡干旱，在水分条件受制约的情况下，半阳坡花椒比阳坡长得好。

四、苗木繁殖

花椒生产上培育实生苗为主要繁殖方式。

1. 种子的采集

种子是育苗、建园的基础，选用良种是培育壮苗和椒园优质、丰产的保证。采种既要选择适生的优良品种，又要注意采种母树的选择。优良品种选择原则上就地就近，适地适树。外地引种，要考察品种的生态适应性。采种母树最好选择：地势向阳、生长健壮、品质优良、无病虫害、结实年龄在10～15年的结果树。采种时间：一般果实由绿色变成紫红色，种子变为蓝黑色，有少量果皮开裂时采收，适时采收的种子其内部各种营养物质积累较多，种子质量较好，发芽率高；若采摘过早，种子未成熟，含水量高，内部各种营养物质处于易溶状态，种子不饱满，发芽率低。若采摘过晚，种子易脱落，给采种工作带来困难。花椒果实采收后，要放在通风良好、干燥的室内或阴凉通风处，摊开晾干，果皮与种子即可自行分离。或用小木棍轻轻敲击，使种子从果皮中脱出，分离种子与果皮、果柄以及其他杂质，就能得到育苗用纯净种子，但要注意晾干过程中，摊放不要太厚，以3～4厘米为宜，并每天翻动2～3次，以免种子发热发霉。

2. 种子处理和贮藏

(1) 种子脱脂处理

花椒种子外壳坚硬，富含油脂，不易吸收水，播种后不易当年发芽。因此，育苗用种子不论当年秋播或翌年春播，都必须先进行脱脂处理，其方法是：

①碱水浸泡法。净种：将预处理的种子用清水浸泡，水用量是种子量的1～2倍，搅拌后静置20～30分钟，除去上浮的秕籽和杂质，剩余的为饱满和比较纯净的种子。花椒纯净种子千粒重

6～18 克，每千克种子约 5.5 万～6 万粒，发芽率为 85% 左右。浸泡：将精选的种子放入内容器内，倒入 2%～2.5% 的碱水溶液（食用纯碱或烧碱）或洗衣粉，水量以淹没种子为宜，浸泡 10～24 小时后，用手搓洗除去种子皮表油质，或用竹子、木棍等在容器内不停搅拌，直至种子失去光泽为宜。也可以将浸过碱水的种子捞出，置竹编容器内掺混一些粗沙搓揉，直至除去种皮上的油质，然后用清水冲洗 1～2 次，将碱液和洗衣粉液冲净。最后将除去油质的种子与黄土按 1∶1 比例搅拌混合，置阴凉干燥处，贮藏到秋季播种。如果要翌年春季播种，可将碱水浸洗过的种子与适量牛粪混拌均匀后埋入深 30 厘米的土坑内，覆土 10～15 厘米，踏实后覆草，翌年春季取出打碎后和牛粪一起播种。

②牛粪拌种法。用新鲜牛粪与种子按 6∶1 的比例混合均匀、抹平摊放在向阳背风的地方，厚度为 7～10 厘米，晒干后切成 10～20 厘米大小的方块，放在通风干燥处，种皮油质经过一个冬季后自然除去，春季播种时打碎牛粪块，即可播种。这是农村广泛使用的办法。

（2）春播种子的越冬贮藏和催芽处理方法

①土块干藏法：经脱脂处理的种子和草木灰按 1∶3 的比例混合，加水渗透堆积贮藏，或将种子、黄土、牛粪、草木灰按 1∶2∶2∶1的比例混匀加水做成泥饼阴干堆积越冬。到春季时，打碎土块即可播种。

②沙藏法：将脱油质处理的种子和湿沙按 1∶3 的比例混合后，一层种子一层沙装入坑内，上面覆土 10～15 厘米，待春天取出即可播种。

③密封贮藏：将脱去油质的种子阴干装入缸内或罐内，将口密封干藏，春季播种前将干藏种子加入 80℃ 温热水中搅拌 2～3 分钟，再换温水浸泡，以后每天换温水，3～4 天后捞出种子放入筐内，置于温暖处，保持湿润，待大部分种子露白时，即可

播种。

3. 苗圃地的选择与整理

（1）苗圃地选择

花椒育苗地，首先，要靠近建园地，就地育苗，就地栽植。其次，要靠近水源和交通方便的地方。第三，育苗地应尽量设在排水条件良好的平地或缓坡地上，坡向以温暖向阳的东南坡为宜，土壤应肥沃、疏松、土层深厚的沙质土、壤土和轻壤土为宜。

（2）苗圃地整理

苗圃地的整理包括整地、耙地、施肥、土壤消毒、做床等工序。

①整地：深度以 25 ~ 30 厘米为宜。

②施基肥：肥料应是肥效较长的各种农家肥和不易被土壤固定的硫酸铵、氯化钾、过磷酸钙等。农家肥必须充分腐熟，以免灼伤幼苗，并带来杂草种子、病原菌和虫害。施用农家肥，采用分层施肥法，在耕作前把肥料均匀撒在地面，通过翻耕把肥料埋入耕作层中。施用饼肥和草木灰，可施在墒面上，再翻入耕作层上部。

③施肥量：一般每公顷施饼肥 1 500 ~ 2 250 千克，或厩肥、堆肥 6 万 ~ 7.5 万千克，并配施磷酸二胺 150 ~ 225 千克，氯化钾 45 ~ 75 千克。

④做床：苗床可作成平床或低床，床面宽 1.2 米，床长 6 ~ 10 米，步道宽 25 ~ 30 厘米。

⑤土壤消毒：一般在床面喷洒 1% ~ 3% 的硫酸亚铁水溶液，每平方米洒 3 ~ 4.5 千克，也可将硫酸亚铁粉，均匀撒入床面或播种沟内，进行灭菌。同时每公顷用 5% 西维因粉 60 ~ 75 千克，用喷粉器喷粉，并随即翻耕进行土壤灭虫。

4. **播种和播种后管理**

春秋两季均可播种，秋播可以减少种子贮藏的麻烦，但是，昆明地区冬春干旱，秋播管理困难，播种时间一般在 10 月下旬或 11 月，这时秋雨之后，土壤湿润，气温逐渐下降，有利种子在地下越冬。春季播种，可以减少种子损失，管理时间缩短，播种后地温回升快，有利种子发芽。春播时间多在立春后进行。

（1）播种方法

可采用条播或撒播两种方法。条播：即开沟播种，一般行距 20～25 厘米，播幅 10～15 厘米。撒播：将种子均匀撒在苗床上通过耙地覆盖种子。撒播省工省时，但是后期除草、松土管理不便。

（2）播种量

条播一般每 667 平方米（1 亩）10～15 千克，撒播每 667 平方米（1 亩）20～30 千克。

（3）覆　土

条播在条沟上覆土厚度为 1～3 厘米，在干旱条件下可覆土 5 厘米。撒播可用火土或草木灰覆盖，厚度以看不见种子为宜。

（4）填　压

播种后为了使种子与土壤紧密结合，以利种子充分吸水，萌芽出土，通常在干旱、土壤疏松及土壤水分不足的情况下覆土后要进行填压。对粘重土壤和播种后有水灌溉条件的不宜填压。

（5）覆　盖

播种后为防止地表板结，保蓄土壤水分，抑制杂草，防止鸟兽危害，提高种子发芽率，对播种地用塑料薄膜、细沙或秸秆等进行覆盖。

（6）播种后的管理

播种后的管理包括灌溉、排水、松土、除草、补苗、间苗、移栽、追肥、病虫害防治等工作。其中注意：花椒每公顷计划产苗量一般为22.5～30万株，间苗时应多预留5%～10%。

追肥，可用沟施或叶面追肥，沟施在封沟后进行灌水，叶面追施可用尿素、过磷酸钙、氯化钾、硫酸钾、磷酸二氢钾等喷洒，浓度一般为0.2%～0.3%。

常见苗圃虫害有花椒蚜虫，用40%氧化乐果800～1 000倍液；50%抗蚜威2 000～3 000倍液；或5%灭蚜净4 000倍液喷射防治。常见苗圃主要病害有花椒锈病，8月中下旬发病，用1:1:100波尔多液进行预防，发病期用25%粉锈宁600倍液喷洒。

五、栽　植

1. 栽植方式

花椒植株小，根系分布浅，适应性强，可在荒山、荒地、路旁、地旁、房前屋后栽植。

(1) 果园式栽培

在荒山坡地成片栽植，栽植密度多采用4米×5米或3米×4米株行距，即每公顷栽植495～840株。在土层较薄，质地较差，肥力较低，气候干旱的山地，丘陵地栽植密度应大些，多用3米×4米、2米×4米的株行距。

(2) 地埂式栽培

充分利用土地，在农田边缘和地埂成行种植，种植密度为一埂1行，株距2～3米。

(3) 庭院式栽培

利用房前屋后空地，见缝插针，无严格株行距，根据空间大小灵活掌握种植株数。

2. 栽植密度与栽植方法

栽植前按计划的株行距，确定栽植点，按点挖坑，一般坑深度为60～70厘米，直径50～60厘米，挖坑时表层30厘米土壤与深层土壤分开堆放，并分别与腐熟的农家肥混合，栽植时首先将混合有农家肥的深层土壤回填到坑的底部，回填后踩踏紧实，将苗木放入坑中使其根系舒展，将表层土打碎覆在根部并轻轻往上提苗，使土壤与根系紧密接触，栽植深度略比根颈高一些。栽后将土踏实，并在周围做树盘，在树盘内浇足定根水，待水渗入土壤中后，在树盘内松土，防止树盘开裂，减少蒸发。无灌溉条件的半干旱地区，在秋季栽植时采用苗木根系蘸浆，栽后平茬，培土，注意防寒，栽植成活率可达 90% 以上。在干旱、半干旱地区栽植，应边挖坑边栽，减少土壤水分散失。

3. **栽后管理**

（1）定　干

苗木茎干高度超过 60 厘米以上，栽植后应及时定干，定干高度 50 ~ 60 厘米，剪口下留饱满芽。如果苗高达不到定干高度，待茎干长到 60 厘米时摘心定干。

（2）灌水与追肥

雨季到来前，根据树塘墒情适时浇水，大约 10 天左右浇水一次。栽植成活以后，在雨季到来时结合降雨在树盘内追施少量氮肥或叶面追肥。进入结果期后，要实现花椒丰产、稳产，肥水管理很重要。有水灌溉的椒园，一年中灌水的关键时期是：萌芽前、坐果后和落叶后 3 个时期。昆明地区春季干旱至少应保证萌芽前和坐果后这两次灌水。每次灌水量以渗透浸润 60 厘米土层为宜。山地栽培，土壤水分是影响生长发育的主要因素，但山地灌溉条件受限，一般在树盘或行间覆盖秸秆、杂草等是减少土壤水分散失、蓄水保墒的有效措施，覆盖厚度为 20 ~ 30 厘米。

（3）施　肥

椒树进入结果盛期的施肥是保证花椒优质、高产的重要措施。施肥分施基肥和施追肥两种形式。

基肥：以有机肥，或压绿肥为主。从摘椒后到翌年春季萌芽前，均可施入，以摘椒后立即施入效果最好。所用肥料为：腐熟或半腐熟的猪粪、羊粪、牛粪、鸡粪和人粪尿等农家肥。施肥量：4~6年生幼树每株每年施农家肥5~10千克，过磷酸钙0.2~0.3千克。产果2~4千克的7年生以上盛果期树，每株每年施农家肥20~40千克，过磷酸钙0.5~2千克。施肥方法：是结合深翻施到树冠投影外围40厘米左右深的土层中。

追肥是解决花椒在生长中大量需肥期与土壤供肥不足矛盾的主要手段。花椒土壤追肥的关键时期是萌芽前和开花后。结合灌水施入。萌芽前每株追施0.3~0.5千克尿素和0.5~1.0千克磷酸二胺，开花后每株追施0.5~1.0千克的尿素或硝铵。叶面追肥在3月底至6月中旬花椒萌芽、新梢生长、开花和果实坐果后的整个速生期。叶面追肥有利花椒优质、高产和稳产。新梢速生期叶面喷0.5%尿素1~2次，花期叶面喷0.5%硼砂加0.5%磷酸二氢钾水溶液1次，果实速生期喷0.5%尿素加0.5%磷酸二氢钾1次，果实采收后再按同样化肥和浓度液喷一次叶面。

六、整形与修剪

1. 整　形

花椒是小乔木。整形修剪中应坚持“小冠形，多主枝及主枝冬剪短截，夏季摘心，促进分枝”的整形修剪原则。生产中常用的树形有：自然开心形、自然杯状形、疏层小冠形和水平枝扇形。

(1) 自然开心形

无中心干，主干高30~40厘米，主干上均匀着生3个主枝，水平角约为120°，分枝角度为45°~50°，每个主枝上着生2~3个侧枝。侧枝和主枝上着生结果枝组和结果枝。这种树形干矮、中空、主枝少、通风透光。适宜于山地栽培使用。

(2) 自然杯状形

无中心干，主干高30~50厘米，3个主枝着生方位角为

120°，每个主枝长50厘米左右，前端着生2个长势相近的副主枝，每个副主枝上着生1~2个侧枝，各主侧枝上配备交错排列的大、中、小形枝组，构成骨架牢固的开心树形。这种树形通风透光良好，骨干枝牢固，负载量大，寿命长，适用于气候、肥水条件较好的地区。

(3) 疏层小冠形

有中心干，主干高50厘米，主枝7~8个，分二层着生在中心干上，第一层3~4个，第二层3个，每个主枝上有2~3个侧枝，树高约3米，冠幅3~4米。这种树形，树干较高，有中心干，主枝较多，分层着生，通风透光，树势强健，产量高。适合肥水条件好，光照充足的地方采用。

2. 修 剪

修剪的主要任务是：维持健壮树势，更新和调整各类结果枝组，维持结果枝组的长势和连续结果能力。

(1) 结果初期（定植后第三年或第四年）

这段时期修剪的主要任务是：进一步完成整形，维持树势平衡和各部分之间的主从关系，有计划地培养结果枝组，处理好辅养枝，为盛果期的高产奠定基础。

(2) 盛果期修剪

花椒定植后6~7年开始进入盛果期，此时树体骨架结构已形成，且结果枝组基本配备，开始大量结果。如果这段时期管理得好，可以维持20年盛果期。

七、病虫害防治

1. 主要虫害防治

(1) 花椒蚜虫

花椒蚜虫以刺吸口器吸食叶片、花、幼果及幼嫩枝梢的汁液，被害叶片向背面卷缩，引起落花落果；蚜虫排泄的蜜露，影响叶片的正常代谢和光合功能，并诱发煤污病。

防治方法：一般情况下初发期采用生物防治，在5月上旬蚜虫开始危害时，向椒树投放七星瓢虫，消灭蚜虫瓢蚜比为1:200。虫口密度，短时间内会造成严重危害时，应采用化学农药防治：

①药剂涂干，在主干上刮去带宽为10～20厘米的老皮和皮刺，然后用40%乐果乳剂加水10倍稀释后涂抹成药带，涂药后，内衬旧报纸或牛皮纸，外包塑料薄膜，两端用细绳绑扎。这样既可起到杀灭蚜虫的作用，又不会因树冠喷药而杀灭天敌。

②树冠喷药，5～6月份向树冠交替喷布40%乐果乳剂1 500～2 000倍液；40%氧化乐果乳油2 000～3 000倍液；50%灭蚜净乳剂4 000倍液。注意采果前1个月禁止喷药。

（2）天牛类

桃红颈天牛、桔褐天牛、花椒虎天牛。主要是幼虫在木质部蛀隧道造成树干中空，引起树势衰弱，严重时造成树体死亡。

防治的关键时期是：成虫羽化后和幼虫孵化后。采用人工捕杀、钩杀和农药毒杀相结合的方法防治。

防治方法：

① 6～7月在椒园用人工捕杀或用糖、酒、醋（1:0.5:1.5）混合液诱集成虫，然后杀死。

②成虫发生前，用硫磺、生石灰、水（1:10:40）配制涂白剂，涂刷树干和主枝基部，可防止成虫上树产卵。

③在树干和主枝上发现幼虫排粪孔，用铁丝钩杀。

④在幼虫危害期，用1份敌敌畏或杀螟松加9份煤油或柴油配制的溶液，注入虫孔可杀死幼虫。

（3）花椒凤蝶

以幼虫取食嫩芽和叶片危害，严重时会吃光幼树上的全部叶片，引起树势衰弱和严重减产。

防治方法：以人工捕杀为主，因花椒风蝶的幼虫体大，蛹挂在枝干上，容易发现，容易捕杀。

生物防治：在幼虫严重发生时，及时喷青虫菌或苏芸金杆菌1 000～2 000倍液，杀死幼虫。

化学防治：在幼虫大量发生时，可喷50%敌百虫1 000倍液，或50%敌敌畏乳剂1 000倍液毒杀。

2. 主要病害防治

（1）花椒锈病

一种真菌性病害，主要危害花椒叶片，发病初期在叶背出现圆形点状淡黄色或锈色病斑，即散生的夏孢子堆，呈不规则的环状排列，严重时扩展到全叶，使叶片枯黄脱落。秋季在病叶背面出现橙红色或黑褐色凸起的冬孢子堆。

防治方法：

①加强栽培管理。

②在秋末冬初，及时剪除病枝、枯枝，清除园内的落叶、杂草集中烧毁，减少越冬病源。

③发病初期喷施200倍石灰过量式波尔多液或0.3～0.4波美度的石硫合剂。发病盛期喷65%可湿性代森锌粉剂400～500倍液。

（2）叶斑病

发病初期被害叶片表面出现点状失绿斑，以后病斑逐渐变成灰色至灰褐色小圆斑。随病情的加重，病斑扩大，颜色加深，后期病斑上出现病菌的分生孢子堆。

防治方法：

①清除椒园落叶和枯枝。

②生长季加强椒园肥水管理，增强树势，抵抗病菌浸染。

③发病初期，喷0.5%～1.0%的波尔多液或在发病盛期喷65%可湿性代森锌粉剂300～500倍液，每隔7～10天喷一次，

连喷 2～3 次。

（3）炭疽病

炭疽病主要危害果实。发病期果实表面出现数个分布不规则的褐色小点，后期病斑变成深褐色或黑色圆形、近圆形中央下陷的病斑。病斑上有轮纹状排列的褐色或黑色小点，若遇雨，这些小黑点呈粉红色突起，即病菌的分生孢子堆继而向叶片新梢扩散。

防治方法：

在 6 月上旬初发期对树体喷 1:1:200 倍波尔多液进行预防。6 月下旬再喷 1 次 50% 退菌特粉剂 800～1 000 倍液。8 月盛发期喷 1:1:100 倍的波尔多液，或 50% 退菌特可湿性粉剂 600～700 倍液进行防治。

（4）煤污病

发病初期叶片、果实、枝梢的表面出现椭圆形或不规则形黑褐色霉斑，随病情发展，霉斑扩大成黑褐色霉层。

防治方法：

保持园内通风透光；及时防治蚜虫、介壳虫，消除病菌营养来源；发病初期喷施 0.3～0.4 波美度石硫合剂，或 200 倍过量式波尔多液。

（5）干腐病

主要危害树干或树干基部，严重时危害树冠枝条。发病初期受害部位表皮呈红褐色，随病斑扩大，呈湿腐状，病皮凹陷，有流胶出现，病斑变成黑色，长椭圆形或圆形。

防治方法：

防治树干害虫，减少病菌入侵；用快刀刮去病斑树皮，并在伤口上涂抹 50% 托布津 500 倍液，或 1% 的等量式波尔多液消毒；每年 4～5 月份喷 1:1:100 倍波尔多液，或 50% 托布津 700～1 000 倍液，进行防治。

（李时荣）

八 角

一、经济价值及市场前景

八角全身都是宝，其果皮、种子和叶均含有芳香油，俗称茴香油或八角油。鲜果含5%～6%；种子含1.7%～2.7%；树皮含0.75%～0.9%。茴香油的主要成分是茴香醚，占85%～95%，是制造甜香酒、啤酒以及食品工业的重要香料。经过氧化制成的茴醛，是香水、牙膏、香皂等化妆品的珍贵原料。

八角果北方叫大料，是我国人民喜爱的调味香料。味香甜，可作健胃、止咳药，并治神经衰弱，消化不良及疥癣等症。

木材淡红色至红褐色，纹理直，结构细致，材质轻软，有香味，不受虫蛀；可供细木工、家具、箱板、玩具等用材。

八角种植后3～5年郁闭成林，并散发芳香味，有红花、淡红花、白花和黄花4种颜色，花期长，可起到绿化、美化环境的作用。

近年来，随着人民物质生活水平的提高，日用化妆品品种日益增多，食品工业的啤酒产量、质量超速发展，在一些地区还形成了支柱产业，产品价格不断高升。国际市场的需求量也在快速提升，约50%的茴香油原料仍低价由我国出口。主产区的广西，个体经营仍广泛使用直接火加热单锅蒸馏工艺，产量低，耗能高，资源浪费严重，质量不统一。因此，对其综合开发利用，势在必行。从以上的简述中可看出，八角的市场前景是比较好的。八角适生于南亚热带冬暖夏凉的山区气候条件，昆明地区只有少数地方适于种植，发展时要慎重决策。

二、生物学特性及主要品种

常绿乔木，高达14米，胸径30厘米。树冠圆锥形，冠幅达5米，枝下高1~2米。植物体内富含芳香油。八角的主要产区在广西西部和南部，在广西的东北部与湖南南部的交界处，海拔1 700米地带（道县）的山区有八角天然林，与木荷、铁杉、福建柏等混生。云南的八角是从广西引入的，开始在富宁县栽培，以后发展到广南、西畴、马关、文山、河口、墨江、玉溪等县(市)。

1. 对环境条件的要求

（1）温　度

温度是八角生长发育和开花结果的重要因子。一般要求年均温在18~23℃，最冷月均温不低于10℃，绝对最低温在-6℃以上，极端最高温39.5℃，≥10℃的有效积温在6 500~8 000℃之间。0℃为八角发生寒害的临界温度。八角从现蕾至果成熟要求月平均温在15℃以上，而开花以月平均气温高于20℃最适宜，若达不到该温度要求，生产上就会减产或绝收。

（2）雨　量

八角属浅根性植物，不耐干旱，叶片革质，蒸腾水分量大，易凋萎，对雨量和湿度的要求较高，且分布均匀。一般要求年降雨1 200~2 800毫米，湿度大最适宜于八角生长。相对湿度在80%以上的山区才能生长良好。丘陵山地若每年11月至翌年3月干旱，则生长较差，甚至无法生存。

（3）光　照

八角是一种耐阴树种，因树龄不同而有所差异，幼苗期（5龄内）容易受日灼，幼林要求光照时间短，喜欢散射光照；成林则要求较充足的光照。一般年日照时数1 200~2 000小时即可。

(4) 土 壤

土壤 pH 值 4.5～5.5 之间，产区多是花岗岩、页岩、砂岩等母质风化发育的红、黄酸性土壤，要求土层深厚、排水良好、有机质丰富、疏松、湿润、通风透气好的土壤条件。

(5) 其 他

地形地势多为丘陵的中下部或低山地带，坡度 15°～30°，坡向随气候环境而异，干热地区以阴坡生长好，海拔较高和寒凉地区以阳坡生长好。八角产区的海拔以 500～1 000 米为好。八角枝条颇脆，易风折，花果也易被大风吹落，山顶、山脊、向风、干燥瘠薄的地方以及低洼积水地带均不宜栽植。

2. 八角的生长发育特性

八角是浅根性树种，侧根较少，主根不发达。八角根的再生能力强。八角树主干枝条每年抽梢 2～3 次，春梢叶芽于 2 月中旬萌动，3 月上旬为展叶盛期，夏梢 4 月下旬萌发，秋梢 8 月上旬抽出，一般侧枝（长果枝）每年只有 3 月上旬抽梢 1 次。八角叶为单叶互生，在枝梢顶端常呈簇生或螺旋状排列，正常的八角叶片一般寿命为 1.5～2.5 年，于冬季 12 月至翌年 1 月叶片脱落，春季 2～3 月或秋季大量抽生新梢枝叶。两性花单生于叶腋，花瓣淡红、深红、淡黄或白色，覆瓦状排列，一般 7～11 瓣。果实由子房发育而成，为一星状排列的果，八瓣聚合呈八角形，故名八角。八角种子藏于八角角瓣内，为广椭圆形，呈棕色或棕黄色；种子表面光滑，有光泽，种壳角质，种子千粒重 0.15～0.2 千克，每 50 千克鲜果可取 4.5～6 千克种子。

我国八角品种资源丰富，目前分类主要以花色为主要依据，结合树形、果、叶、分枝和生长发育特点，将八角划分为 4 个品种群共 17 个农家品种和一些变种类型。四个品种群是：红花八角品种群、淡红花八角品种群、白花八角品种群、黄花八角品种群。经多地实践表明：红花八角的单位面积和单株产是最高的，在红花八角类型中，又以红花大果大叶柔枝八果为最佳。柔枝红花八角、柔枝淡红花八角、柔枝白花八果、普通红花八角、普通淡红花八角这6个优良品种分布广，面积大，产量高，抗性强，大小年不明显，是目前种植八角的主栽品种。

三、育苗技术

1. 种子的采收和种子处理

要选择生长旺盛、结果多的壮年树为母树。由于花期长，果熟期也较长，最早成熟的果实大多是发育不健全或受病虫危害；成熟过迟的种子因母树营养不足和气候渐凉而发育不饱满，故要注意在果实大量成熟而未开裂时采收。采种时钩取果枝，用手摘果，不得敲打果枝。

种子处理方法有两种。

（1）湿润处理法

就地采种就地育苗可用此法。挖取半干黄土（取心土），捣碎过筛堆于室内地上，在黄土中央开穴，将种子放入穴中，随放随洒少量清水，加以搅拌，使种子粘着黄泥土成颗粒状（所用黄土较种子多3～4倍），将其堆积于室内阴凉处，最好靠近水缸，每隔几天翻动一次，干燥时适当洒水，保持湿润。经2个月后开始发芽，到1～2月间取出播种。

（2）干燥处理法

先将种子湿润，再与过筛的干黄泥土拌成颗粒状，大如豌豆。然后挖一地窖，贮于窖内或水缸中，用板封好，以防鼠害，要经常检查有无霉烂发热的种子。如需远途运输，先将拌有黄泥土的种子放入布袋压实缚牢，袋入木箱，以防运输途中振动使种子与黄土分离。运到后，应于播种前洒水催芽处理。

此外还有沙藏处理，方法与其他果树种子的处理方法相似。

2. 实生苗的培育

（1）苗圃地选择和整地

苗圃地要求靠近水源，土层深厚肥沃、排水良好的东坡或东北坡。秋末冬初深翻碎土，到播种前再挖一次，并施足基肥。每亩施基肥 1 500 千克，复合肥 50 千克左右，然后筑床播种。床宽 1～1.2 米，长视地形而定，床高 20～25 厘米。

（2）播　种

播种时间，在冬季无霜害的地方，种子可随采随播。云南产区以春播为主，时间可延至 3 月中旬左右。播种方法可采用点播或条播。条播的行距为 25 厘米左右，沟深 3～4 厘米，每亩用种量 7～8 千克。点播则按株距 3～4 厘米点播于沟内。

（3）苗期管理

八角幼苗期不耐寒、热，播种完后及时用草覆盖并浇足水，当有 50% 的种子发芽出土后，应揭除覆盖物，并及时搭遮阴棚。苗木出土后要加强松土除草、间苗及防治病虫害。苗出育后可施一次肥，7～8 月份施第二次，尿素用 0.1%～0.2% 的浓度，复合肥可用 0.25% 左右的浓度，每亩保留健壮苗 7 000～9 000 株为宜。容器容苗方法与实生育苗方法相似。

3. 嫁接苗的培育

嫁接繁殖能提高产量和改善品质，提早结实，有助于矮化栽培。

（1）砧　木

砧木选择适于本地生长、根系发达、抗性强的 2 年生幼苗，高 20～30 厘米，地径 0.7 厘米以上的八角实生苗作砧木。

（2）接穗的采集与贮藏

选择优良品种，在健壮、结实多、无病虫害的壮年母树上采集，枝条应芽眼饱满，春接用充分成熟的 1 年生结果枝，在树冠中上部向阳面采集。若要远运或贮藏，可用湿木屑保湿运输。

（3）嫁接时间和方法

在整个生长周期都可以嫁接。主要分为芽接和枝接两种。芽接一般是在八角生长期进行，最好在夏、秋两季；枝接多在休眠期进行，通常在八角萌芽前进行。嫁接八角的常用方法有切接、顶芽合接、拉皮枝接、T形芽接等，嫁接方法与其他果树相似。图例见102、106页。

（4）嫁接苗的管理

主要管理方法有解绑，一般嫁接1个月后，接口愈合时解绑；剪砧，用芽接及拉皮枝接等方法嫁接成活后需要剪砧，萌芽前在接芽上方1厘米左右处，把接芽对面自下向上的砧木呈45°角剪断；除萌，就是把砧木上萌发的枝芽随时抹除，接穗上抽出的新梢也只保留1个；以及搞好遮阴；加强圃地的中耕除草、勤肥薄施，以磷钾肥为主，灌溉，防治病虫害。

4. 扦插苗的培育

八角扦插，在一般情况下生根率低，采取调节空气湿度及相应的技术措施可提高插穗的生根率。

八角扦插枝条应在10~20年生的优良品种树上采集，母树要求果多、果形饱满、无病虫害，采枝部位以树冠上部主干上的分生枝条为好，剪取1年生嫩枝，扦插育苗可在春、夏、秋三季进行，以春季为佳。为了保持枝条的含水量，最好在早晨采集，采下后立即用保湿材料覆盖或包裹。插条选取直径0.4~0.8厘米，截段长度为15~20厘米，剪口呈马耳形，注意不要碰坏腋芽，全部保留上部叶子。插前可用生长激素处理，一般用萘乙酸和ABT生根粉处理枝条，可提高生根率20%~25%。用5×10－5萘乙酸浸泡插枝下切口2厘米深，浸泡时间6~8小时或1×10－4的ABT生根粉浸泡嫩枝半小时，硬枝浸泡1小时，浸泡时，上面覆盖保湿。

扦插后要搭塑料膜棚遮阴保湿，棚内要求保持空气湿度

85%～95%，温度要求保持20～30℃之间。插枝生根后，每7天喷洒1次0.2%的氮肥溶液或稀释人粪尿，2个月后可移植于土壤较肥沃的苗床培育。

四、造林技术

1. 造林地选择及规划设计

土壤宜选用沙页岩、花岗岩、变质岩等发育的酸性土，要求土层深厚、疏松、肥沃、湿润的沙壤土至轻粘土。八角造林宜选背风、向阳、排水良好的坡地，坡度要小于30°。八角是阴性树种；建园时要本着“因地制宜、合理布局、适地适树、配套合理”的原则进行；园地规划设计的主要内容包括栽植小区划分、栽植密度及造林技术措施、排灌系统及道路设计等。

2. 整 地

通常是全垦深翻。坡度20°以上，宜带状整地，以减少水土流失。造林前需挖穴，长宽各0.6米，深0.4～0.5米，下施足有机基肥。整地宜秋冬季进行，挖穴、施基肥回土后，以保持穴内土壤湿润，有利于早春栽植。

3. 栽植密度

八角的栽植密度取决于经营方式和林地环境。八角的经营方式有3种，一种是果用林（乔林）；二是叶用林（矮林）；三是叶果两用林。以采收果实为目的的果用林可疏植，株行距可用5米×5米、4.5米×6米或4米×5米，每亩30～50株；以用叶为主的矮林，可栽植密些，株行距为1.3米×1.3米、1.5米×1.5米，每亩种植300～400株；叶果两用林的栽植株与叶用林相同，只是要按一定的株行距，每亩保留25～30株母树结实，其余的在1.3米高（胸高直径处）截顶成叶用林。叶果两用林可集约经营，充分利用肥沃土地提高单位面积产量。

栽植苗木要求根系完整，1年生苗高40厘米以上，地径0.4

厘米；2 年生苗高 50 厘米以上，地径 0.6 ~ 0.8 厘米；3 年生苗高 100 厘米以上，地径 0.8 ~ 1.20 厘米。定植要选阴天、雨天，嫁接苗要注意土壤不要遮盖接穗切口。盖土深度以苗木出圃深处为佳。

五、抚育管理技术

1. 八角幼林的抚育管理

八角造林后到普遍开花结实（或能采叶蒸油），这段时期为幼林阶段。幼林抚育管理的主要措施如下。

（1）林地保湿

八角属耐阴树种，树皮较薄，叶质地肥厚，夏天易受日灼死亡，所以要做好林地的覆盖，以达保持林地湿润、均衡土壤温度、减少水土流失、防止日灼。覆盖的方法有：利用杂灌木覆盖、林粮间作覆盖等。

（2）中耕除草

中耕除草可与林粮间作的经营管理结合起来进行，没有间作的八角园一年要搞 1 ~ 2 次，一般安排在 1 ~ 2 月、5 ~ 6 月各一次，以八角树为中心，连根清除 1 ~ 1.5 米直径范围（树盘范围）的杂灌木及草，并把草覆盖于八角树周围的林地上。

（3）施　肥

施肥是幼林抚育管理的重要措施之一，是保证八角林高产稳产不可缺少的环节。常用的施肥方法有放射状施肥、环状施肥、穴状施肥、条状施肥、叶面施肥、全园施肥。八角树施肥的最佳时间是 2 月和 6 月。1 ~ 2 龄树每年每株施尿素 50 ~ 150 克；3 龄以后，每株每次可施尿素 150 ~ 250 克，复合肥 100 ~ 200 克。施肥时沿树冠投影下挖深 15 ~ 20 厘米、宽 20 厘米的浅沟撒施后盖土即可。

(4) 修枝整形

修枝整形的目的是培养完整的树冠和合理的枝条结构。根据八角的生物学特性和生产实践证明，八角树的修枝整形方法不像其他果树那样严格，但要求枝条能柔软下垂、均匀分布即可。以丰满充实的塔形、圆锥形或圆柱形为佳。八角树的顶端优势明显。一般在幼树平均高1.5~2.0米时开展修枝，可截顶芽促分枝，每株保持3~6个分枝即可。注意，要把徒长枝、扰乱枝、高叉枝、枯枝、病虫害枝清除。

2. 八角成林的抚育管理

为达高产稳产目的，八果成林的抚育管理重点抓以下工作。

(1) 垦 复

垦复可进一步改善八角林地的土壤结构状况，促进花芽分化和幼果正常发育。在带状整地的基础上，要求每隔2年左右深翻垦复一次，结合锄草压青进行。

(2) 施 肥

加强施肥管理是成林经营的关键措施。果用林要求每年施肥2次，冬、春季节1次，夏季一次，化肥以复合肥为主，每株每次施0.5~1千克，沿树冠投影外边沟施并盖土，亦可施有机肥，每株30~50千克。叶用林以采收枝叶蒸油为主，体内养分消耗大，所以，施肥以速效氮肥为主。实行林粮间作的林地，以种植绿肥为主，品种有光叶紫花苕子、紫云英等，每年结合垦复进行压青。

(3) 保花保果

八角落花落果严重。八角开花结实现象比较复杂。一年开花结实两次，第1次花期2~3月，果8~9月成熟，在果实成熟的同时又开第2次花，果到翌年的第1次花期成熟，产量以第1次为主，所以树体积累的养分消耗较多，是造成严重落花落果的主要原因。此外，还有病虫害、大风吹落等方面的原因。针对以上原因，应采取全面清除林内杂草、灌木并进行垦复；实行配方施肥，现在生产了一种八角专用肥，效果很好，可适时施用；喷施防落素和叶面肥，提高坐果率。八角树谢花 70% ~80% 时，在树冠上喷施植物激素和叶面肥（防落素浓度为 3 ×10 -5，加进口尿素 0. 3%）；加强病虫害防治。采取以上综合的保花保果措施，有效地提高了八果果实的单位面积产量。

(4) 实生不结果八角树的改造

据八角产区调查，实生八角树定植后，有一部分不结实，直接影响经济效益。因此，对实生不结果八角树的改造就成为抚育管理过程中的一项重要技术。现在采用的是“嫁接改冠”法，具体技术是：选用早产高产、树势健壮、剥皮容易的母树枝条做芽接材料，芽接部位距地面约 1 米，在砧木主干的分枝处以下开芽接位，芽接后用塑料薄膜捆绑，切干时在芽接位上方留有适当的砧木枝叶。嫁接的最佳时间是 9 ~10 月，留干过冬，次年 2 月成干，采用分次留砧木枝叶的方法，以利自身遮阴和光合作用，减少或避免回枝现象。

六、病虫害防治

1. 病害的防治

(1) 炭疽病

八角产区的常见病，主要发生在苗期。

防治方法：

①选排水良好、空气流通的土地建设苗圃地，种子在播种前进行灭菌，用 50% 托布津或 200 倍退菌特液浸泡种子 20 分钟，再用清水洗净，晾 24 小时再播种。

②成林主要是伐除过密的植株，清除病株残体并烧毁。

③药物防治：发病期可喷 1:1:200 的波尔多液防治。

(2) 日灼病

主要危害叶，每年7~8月发病严重。

防治方法：

①搞好林地荫蔽工作，对八角成林要逐渐增加光照，进行渐进的日光锻炼，逐步适应光照环境；

②受害部位应及时修剪涂封，防止蚂蚁危害；

③在高温季节进行树干涂刷石灰浆。

(3) 煤烟病

主要危害枝、叶。

防治方法：

①加强抚育管理，适当修剪，增加通风透光，合理施肥，提高抗病能力；

②药物防治，用40%乐果1 000~2 000倍液或50%的敌敌畏乳油500~1 000倍液，或50%二溴磷、50%杀螟松1 000倍液喷杀病菌。在轻病害区喷0.3~0.5波美度的石硫合剂，每15天喷1次，直至高峰期过后为止。

其他八角病害还有：褐斑病、白粉病、叶斑病等，可参照炭疽病的防治方法。

2. 虫害防治

(1) 八角尺蠖

幼虫3~11月取食八角叶子，8~11月危害严重。

防治方法：

①人工捕捉幼虫、挖蛹；

②药物防治：用90%敌百虫1 000倍液或80%敌敌畏1 500倍液，或马拉松1 000倍液喷杀，用苏云杆菌粉炮防治效果更佳。

(2) 金花虫

又名八角虫、八角叶甲，危害八角叶及新梢。

防治方法：

①5 月份结合抚育管理进行锄草、松土、刮地表土等消灭虫蛹。

②冬季进行修枝，摘除虫块。

③药物防治：用 400 ~ 500 倍敌敌畏或乐果液喷杀；用“621”烟剂喷雾灭虫；放白僵菌粉炮；利用其喜光和假死的特性，人工捕捉。

(3) 象鼻虫

成虫咬食叶片。

防治方法：

用 90% 敌百虫 800 倍液喷杀，或 2% 乐果粉剂喷杀。

(4) 八角长足象

危害八角幼林比较严重。

防治方法：

①人工捕捉成虫。

②药物防治：在幼虫期喷 90% 敌百虫 500 ~ 600 倍液，或 80% 敌敌畏乳剂 800 ~ 1000 倍液加少许煤油喷杀。

（寻良栋）

杜 仲

一、主要用途、经济价值及市场前景

杜仲为我国特有种，干燥树皮入药称为杜仲，为贵重药材。

杜仲的叶、皮及果实均含有丰富的杜仲胶，具有优良的物理、化学性能，是制造海底电缆必需的材料，也是各种耐酸、耐碱容器的里衬和输油胶管的极好材料，适用于航空工业及制作电工绝缘器材，又是高级粘合剂。医药上作为补牙材料，对人齿无刺激。

杜仲木材材色洁白，材质坚韧，纹理细致匀称，无心材、边材之分，是制造家具、农具、舟车和建筑的良好材料。

杜仲资源目前多为人工栽培，药材商品行销全国各地，并有出口，市场前景及经济价值极高。全国年产量约 300 万千克，出口 6 ~ 7 万千克。杜仲近年来市场一直紧俏，供不应求，尤其是出口量增大，国内资源日趋减少，价格不断上涨。由于杜仲商品紧俏，各地出现了红杜仲、土杜仲、杜仲藤等多种混乱品种。

杜仲叶开发成保健饮料有着很好的市场前景。根据杜仲的资源和供需现状，可结合退耕还林和天然林保护工程，选择适宜的林业用地，用工程造林的办法，有计划地发展这一经济价值高，用途广泛的杜仲产业。杜仲全身都是宝，其工业用途因资源短缺而难于开发利用，目前的主要用途大都为药材资源。

二、生物学特性及品种类型

1. 生物学特性

杜仲对气候适应幅度大，耐寒性较强，年平均温度 13 ~ 17℃，年降雨量 500 ~ 1 500 毫米地区均可生长。从国内已引种成功的资料看，-20℃的低温杜仲亦能生长。春天萌芽以后，易遭受旱、晚霜害。杜仲对土壤、地形及岩石有广泛的适应性。但最适宜杜仲生长的土壤是土层深厚、疏松、肥沃、湿润、排水良好，pH 值在 5 ~ 7.5 之间。适宜的地形为山脚、山中下部和山冲；岩石裸露的石灰岩山，岩缝间残存的石灰土。坡度以缓坡为佳，土层深厚的阳坡优于阴坡。

杜仲属喜光树种，在人工林中，密度小的林分，其树高、直径、材积生长，以及树皮、叶片和种子产量都显著优于密度大的林分，而通过透光伐后，直径生长立即回升。因此，杜仲不耐阴蔽，造林密度不宜过大。

杜仲是雌雄异株树种。在植株未达到性成熟前不易从形态特征上加以区别。一般由种子繁殖的实生林，雌株比例占 60% 左右，雄株占 40% 左右。杜仲是风媒花，一般雄株占 15% 的比例即可保证雌株授粉。

杜仲的萌芽力强。根际或枝干，一旦经受创伤，休眠芽立即萌动长出萌芽条，一根伐桩，一般可萌发 10 ~ 20 根枝条，最多可达 40 根左右。萌生幼树生长迅速。

杜仲是深根性树种，有明显的垂直根（主根）和庞大的侧根、支根、须根系。主根下扎深度 1. 30 米左右，根幅 3 米以上；吸收根密集，遍生于主根上部、侧根及支根上，分布于表土层的 5 ~ 30 厘米之间，且趋向水肥条件较好的地方。

杜仲在我国分布区域很广，自然分布界限大体在黄河以南，北至甘肃、陕西，南至云南、广西，东抵山东、浙江，西至四川；中经安徽、湖北、湖南、江西、河南、贵州等 13 省区。从地理位置看，北纬 22° ~ 42°，东经 100° ~ 120°，南北、东西横跨经纬度约 20°，绵延 2 000 千米左右。杜仲的垂直分布一般在 300 ~ 1 300 米之间，个别地区达 2 500 米（滇东北），主要产区在 500 ~ 1 100 米之间。昆明地区 1 500 ~ 2 100 米的范围杜仲生长良好。

杜仲树皮随年龄增加而增厚、增重。树皮生长过程与直径生长过程趋势相一致。25 年生为胸径生长高峰期，其地径树皮厚度（包括内、外皮）为 1 厘米。树皮产量受立地条件的影响很大，肥沃和光照条件好的 22 年生孤立木，单株树皮（包括干皮、枝皮）湿重为 34. 93 千克，而生长在土壤干燥、石砾含量较高和光照稍差的 22 年生散生木，单株树皮湿重只有 8. 15 千克，相差 4 倍以上。

杜仲为落叶乔木，树高可达 15 米，胸径可达 40 厘米，树干端直，枝条斜上，树冠卵形、密集。单叶互生，呈椭圆形，有叶柄，有锯齿，长 7 ~ 10 厘米，宽 3. 5 ~ 6 厘米，下面脉上有毛。花单性，雌雄异株，花期 3 ~ 4 月；果实有翅，长椭圆形，扁平而薄，成熟时棕褐色、栗褐色或黄褐色，长 3 ~ 4 厘米，宽 1 ~ 1. 5 厘米，内含种子 1 粒，间或 2 粒。果熟期 9 ~ 11 月。在温暖地区，每年 3 月放叶，5 月上旬定型，10 ~ 11 月霜降落叶。在光照充足的条件下，每年叶片生长量随树龄增加而逐渐增重，第 6 ~ 10 年是叶片产量递增速度的高峰期。叶片产量受立地条件的影响很大，好坏相差 8 倍以上。对杜仲幼树进行截干，实行矮林作业可以增加叶片数量。采叶时间应在叶片开始脱落和脱落以后。

杜仲开始结实年龄，孤立木 6 年，散生木和林缘木 8 年，林内木要到 10 年左右才能结实。结实盛期 20 ~ 30 年，30 年后渐次下降，50 年后产量很少。开始结实的杜仲树先开花后长叶，每年 3 月上旬雄花先开，花期 7 天左右，雌花比雄花后开 3 ~ 4 天，到 5 月中、下旬，果实才发育定型，10 ~ 11 月种子成熟。

2. 品种类型

从杜仲树皮形态特征上，可划分为粗皮杜仲和光皮杜仲两个类型。

(1) 粗皮杜仲（青冈皮）

树皮幼年呈青灰色，不裂开，皮孔显著；成年（10 年）后，树皮变为褐色，皮孔消失，开始发生裂纹，并逐渐由下至上发生深裂，呈长条状，不脱落，外（树）皮（木栓层以外死组织干皮部分）及内（树）皮（木栓层以内活组织肉皮部分）分明，外皮粗糙，类似栎类树皮，故当地群众叫“青冈皮”。

(2) 光皮杜仲（白杨皮）

幼年树皮特征同粗皮类型，成年后树皮变为灰白色，皮孔部分消失，20 年后除树干基部以上 1 米以内渐次发生浅裂，并出现比较粗糙的外皮，其余主干、侧枝树皮均不发生裂纹，外皮、内皮不分明，树皮光滑，类似响叶杨树皮，故当地群众叫“白杨皮”。光皮杜仲是一个优良类型，应是选优和繁殖的对象。

三、栽培技术

杜仲的繁殖方式，主要是采用种子育苗，进行植树造林。

1. 采　种

采种母树应选择生长发育健壮、树皮光滑、无病虫害和未剥皮利用的 20 年生以上的壮年树。杜仲种子成熟的特征是，果皮呈栗褐色、棕褐色或黄褐色，有光泽，种粒饱满，胚乳白色，子叶扁圆筒形，米黄色。采种要等种子完全成熟后进行（一般是霜降以后，树叶大部分落光）。选择无风或小风的晴天，用竹竿轻敲或用手摇动树枝，使之脱落。同时，在顺风方向离母树一定距离的地面，铺上布幕或塑料薄膜，以便承接落下的种子。

种子采集后应放在通风阴凉处阴干，忌用火烘和烈日暴晒干燥。干燥种子的标准湿度是 10% ~14% 。经过净种，即可贮藏。种子千粒重因产地不同相差很大，变动于 50 ~130 克之间，每千克种子在 7 000 ~20 000 粒之间，种子发芽率经过催芽处理的可达 80% 以上，未经催芽处理的在 60% 以下。

春播用种最好用湿沙贮藏。其方法是在计划播种期前30～50天，以1份种子10份湿沙混合，沙的湿度以手握不流水为度，铺于阴凉通风的室内地面（不用水泥地），厚度30～40厘米，经常保持种、沙湿润，室温5～6℃，每隔10～15天检查翻动一次，防止因过分潮湿或干燥而使种子霉烂或失水。一般一个月左右种粒即可充分吸水膨胀，待翅果顶端缺口稍露白尖，即胚根开始伸长时，播入圃地，采用这种低温沙藏催芽方法，大面积育苗，场圃平均发芽率高达80%，较采用干藏方法于播种前进行温水（40℃）或冷水浸种催芽，发芽率提高15%～25%，且出土整齐，成苗率高。湿沙贮藏时间，应根据各地气候情况与播种期密切配合，过早过迟均不利于发芽成苗。

2. **育 苗**

杜仲苗木培育主要采用两种方式，即圃畦播种和温床播种，芽苗移植。

（1）圃畦播种育苗

适用于温暖气候地区。圃地应选择土壤疏松、肥沃、湿润、排水良好的微酸性到中性的土地，冬季深翻，冬后浅犁，结合施基肥。基肥用量，每亩堆肥2 000千克饼肥100千克，草木灰150千克，并混成粉状施用，而后作床（畦），进行土壤消毒。

经过低温湿沙藏催芽的种子，一般 在2～3月中旬日均温已稳定在10℃以上时，即可播入圃地。干藏的种子，除播种前应进行浸种3～5天外，播种时间不同，种子发芽率和苗木高生长分别为：61%、78厘米；44%、76.5厘米；24%、68.2厘米；11%、19.6厘米。播种越早，场圃发芽率越高，苗木生长也越好，早春播种发芽率较高的原因是种子经过了一段低温处理。因此，未经低温湿沙贮藏的种子，在气候温暖地区适宜播种期应在1～2月，最迟不能超过3月中旬。

播种方法采用宽幅条播，播幅20厘米，播沟（边）距20

厘米，每沟均匀播种 60～80 粒。根据种千粒重、纯度和生活力的具体情况，每亩播种量在 5～10 千克之间，播后覆土 1～2 厘米，湿沙催芽的种子，播后 15 天左右即可出土，浸种催芽的干藏种子则需 25～30 天。种子发芽期间，圃地管理除覆盖外，应在春旱时期进行圃畦灌溉，特别是经过湿沙贮藏催芽的种子，发芽过程已经开始，应经常保持圃地及苗床的湿润。

种芽出土以后，幼苗进入生长初期，此时苗木嫩弱，地上部分生长缓慢，除应进行松土、除草外，特别注意立枯病和地下病虫防治。每周定期喷波尔多液一次，虫害发生，采用毒饵诱杀。当幼苗出现 2～4 片真叶时，即可施第一次追肥，每亩施尿素1～1.5 千克，兑水 200 千克，施于沟间。6～8 月为苗木速生期，每月最高生长可达 20 厘米以上，此时应加强中耕、除草和灌溉。每月应施用追肥 1 次，每次用尿素 2 千克，兑水施于播沟间。其中 8 月一次施肥应在中旬以前进行，以防止生长后期徒长，遭受冻害。此外，速生期开始即应进行间苗，根据去弱留壮，去密留稀的原则，每播种沟定苗 25～30 株。9 月，苗木生长进入后期，此时，主要注意预防早霜危害苗梢。按照以上技术环节培育苗木，一般每亩可以生产高 80 厘米，地径 1 厘米以上的壮苗约 2 万株，供出圃栽培。

（2）温床播种，芽苗移植

此法适用气候比较寒冷的地区。温床选排水良好、便于管理的土地，挖深0.3 米、宽 1 米、长 10 米（根据地形，长度不拘）的长方形土坑，原土全部取出，表土、底土分放，床底略有倾斜便于排水，而后铺垫一层 10 厘米以上厚度的新鲜马粪，上面覆盖拌匀的煤灰、火土灰、过磷酸钙和表土。播前需要浸种 3 天，并充分浇灌底水；播后用塑料薄膜覆盖，封闭温床，增温催芽。一般温床土温可较床外土温提高 2～4℃，播种后 10～15 天即可发芽出土，待 2～3 天子叶展开，真叶初露时，即成丛掘起芽苗，在预先作好的移植圃畦上，按行距20厘米、株距10厘米以木棍扎孔，每孔植芽苗1株。床土干燥，移后浇水1~2次，成活率在95%以上。这种育苗方法的优点是，能提早播种期一个月，缩短种子发芽期，节约用种，省去间苗工序，保证每株苗木有适当的营养面积，便于集约经营管理。每亩可生产高1米，地径1.5厘米的壮苗2万株左右。

3. **栽 培**

(1) 造林地的选择

杜仲造林地应选择在缓坡、山脚、山中下部及土层深厚、疏松、肥沃、排水良好的酸性至微碱性（pH5~7.5）的土壤，石灰岩山地营造杜仲林能取得良好效果。应大力提倡充分利用"四旁"及田边地角种植杜仲树，这些地方阳光充足，土壤水肥条件优越，而且便于管理保护。有利于杜仲树皮、树叶、果实和木材的生长发育。

(2) 造林密度

造林初植密度的确定主要根据作业方式及立地条件，乔木作业通常采用株行距2米×2米或2米×3米；头木林作业2米×3米或3米×4米。

(3) 整地施肥

荒山荒地造林，定植前必须对造林地进行清理，砍除杂灌木，有些地方则进行炼山，但要严防山林火灾的发生，并进行全面整地翻土，将道路、防火线按作业设计的位置留出后，就可按株行距的规格定点挖植树塘。塘的规格为60厘米×60厘米×30厘米，或80厘米×80厘米×30厘米（长、宽、深），每塘施20千克的厩肥、堆肥及0.2千克的复合肥。在酸性红壤上，外地每塘施饼肥0.2千克，骨粉0.2千克，石灰0.1千克，火土灰及垃圾肥2.5千克，杜仲生长旺盛，定植当年平均高1.5米，比不施肥的提高50%的高生长量。

(4) 定植技术

温暖地区，冬、春季节均可造林，寒冷地区宜在春季造林。昆明地区。可选择雨季造林。苗木定植前，塘内土肥拌匀，栽植深度稍深于苗木出土深度。要求细土壅根，苗正踩紧，上覆松土一层，防止创伤苗。按照上述操作，大面积栽培造林的成活率均可达到85%以上。

4. 作业方式

根据经营目的及造林地条件，经营杜仲林采取乔林、矮林及头木林三种作业方式。

(1) 乔林作业（主干型）

经营目的在于获得干皮和种子，要求林地土壤肥沃，气候温暖，经营密度较稀，但要保证雌株占较大比例，以便获得较多的种子产量。林木达到"工艺成熟龄"时，皆伐剥皮药用及利用木材。据贵州遵义杜仲林场对21年生人工林的调查材料，立木密度为每亩100株，其中雌株比例占85%，雄株比例占15%，平均每亩约产树皮重400千克（未包括各次间伐数量），折合干重产量180千克；每年约产种子40千克；叶片湿重750千克，折合干重262.5千克；木材立木蓄积量约2.5立方米。

"工艺成熟龄"：当林分通过皆伐能提供某种材种材积最多的年龄，称为工艺成熟龄。杜仲的工艺成熟龄，在贵州遵义林场定为21年，此时能获得最大产量的树皮及叶片。

(2) 矮林作业（散生型）

利用杜仲萌芽能力强的特性，人为地使其呈灌木状，目的在于获得较高产量的叶子。适用于林地条件较差、气候寒冷的地区。一般定植3~4年后即可开始截干，截干高度离地50厘米，冬季截干，截后施肥、培土，截干间隔期2~3年，每亩333丛（株行距2米×1米），每年平均可收获叶片80千克（气干重）。

(3) 头木作业

根据矮林作业原理，截干时保留2米的高度，在截面附近选育5个力枝，待主干增粗至12厘米时，力枝基径5~6厘米时(一般10年左右)，每年采剥一个力枝，并随即选育一个潜力枝，5年一个轮剥期，经过三个轮剥期，树龄达25年时，主干可以增粗至25~30厘米，伐去主干剥皮药用，再从伐桩进行萌芽更新。一般每亩60株左右，每年采剥一个力枝，每株约可生产枝皮0.66千克，每亩约可生产枝皮湿重36.3千克，折合干皮16.34千克。此外，主伐时约可获得干皮湿重110千克，每年每亩还可收鲜叶约50千克和一定数量的种子。这种作业方法的优点是，能做到青山常在、永续利用；树皮、树叶产量稳定。但要求经营管理水平高，必须实施高度的林业技术措施。

杜仲的萌发力很强，矮林作业和头木作业，就是充分利用杜仲的这一生物学特性而实施的营林措施，也是一种重要的更新方式。类似的经济林木可以借鉴这种经营作业方法。

四、抚育管理

杜仲对土壤的耕作质量、水肥条件和光照条件的要求较高，反应十分敏感。皮、叶是主要的产品，有极高的经济价值，因此，必须像经营高产农作物那样去精心经营杜仲，加强水肥管理，不断改善光照条件。还可结合杜仲的生物学特性，应用先进的现代管理技术，提高杜仲的产量和质量。

1. 幼林抚育

(1) 中耕除草

定植后3~4年。每年都应进行中耕除草二次。根据杜仲的生长发育规律，4月左右为树高生长高峰期；5~7月为直径生长速生期（因各地的气候条件有差异，树高生长及直径生长的速生期也有所变化，应根据各地的实际情况而定，高山及寒冷地区会推迟，海拔低或气温高的地带会有所提前），因此，第一次中耕除草时间应在4月上旬进行；第二次应在5月或6月上旬进行。有条件的地区，分别在定植后第二年、第四年冬季对林地进行全面深翻一次，可同时采用埋青技术。肥沃土地上，密度较稀的林地，也可开挖树塘，即在树中心，按树冠的投影直径筑树塘，深挖时，切忌毁坏主根、侧根及须根。这对土壤粘重、板结的林地上杜仲幼树生长发育，效果特别明显。

（2）追　肥

追肥可结合中耕除草进行。用饼肥作追肥效果显著。在酸性土上施石灰和草木灰反应明显。化肥中的氮肥，每亩施尿素15～25千克，肥效反应较快。在山区、林区，建议使用有机肥，每亩用量可根据立地状况而定。一般把中耕除草、施用追肥和压青结合进行。

（3）林粮间作

在没有郁闭的林地上实施林粮间作是以耕代抚，促进幼树生长发育的有效措施，同时增加了林地的经济收入。间作作物以豆科作物为主，亦可种植绿肥，避免种植高秆和藤蔓作物。林粮间作是以培育杜仲为目的，不能放弃杜仲而开展以农作物为主的经营。

2. 成林抚育

（1）深耕除草

应继续2～3年对林地深翻垦复一次，每年春夏，结合松土除草，进行追肥。

（2）抚育间伐

对乔林、头林适时进行抚育间伐。抚育间伐是利用林木生长发育过程中的自然稀疏规律而进行的。乔林作业第一次间伐林龄为10年左右，间伐对象主要是生长发育不好的雄株，间伐强度以保证雌株比例占85%，同时伐除病虫害木、枯立木和严重生长不良的被压木。第二次间伐时间在 15 ~ 20 年期进行，间伐对象主要是雌株中结实稀少和干形发育不良的弯曲木、枯立木和病虫害木，以便主伐时获得质量优良的药用皮、叶和木材。主伐时，立木密度每亩为 80 ~ 100 株。头木作业，一般只有 8 年生左右进行一次间伐，主要目的是改善林木的光照条件，以及伐除过多的雄株，保持立木密度每亩 40 ~ 55 株。其中，病虫害木、枯立木及生长发育不好的林木也必须清除。间伐时间宜在春、夏季节进行，清除伐桩，减少伐桩萌发新株。

3. 采伐更新

根据经营目的和生长发育规律，乔林作业的工艺成熟龄为 25 年，此时进行主伐，可获得最大的药用树皮及叶的产量。从林分和经营过程中的实际出发，亦可推迟到 40 ~ 50 年进行。头木林作业原则上是 25 年开始主伐，矮林作业每隔 3 年截干一次。

乔林、头林作业应充分利用杜仲萌芽力强的生物学特性，采用根桩萌芽更新，伐根应保留 20 ~ 30 厘米高，严禁刨根、烧炼林地。主伐在冬季进行，第二年春即可萌发新株。1 ~ 2 代以后，改用有性繁殖，要彻底清除根桩，用实生苗造林。矮林作业截干 7 ~ 8 次以后，即应重新整地，采用实生苗造林进行更新。这时宜在夏季采伐，秋、冬季整地，翌年春植苗造林。

4. 杜仲的环剥技术

如果采取适当措施将杜仲皮环状剥下来，树皮可再生而树木不致死，也不明显影响树木的生长，而且三年后树皮基本还原。这种技术称为杜仲皮环剥再生技术。

（1）环剥方法

选取健壮植株，先在树干分叉处的下面环割一圈，再进行垂直的纵割（与环割呈“T”字形）。环剥的深度要掌握得当，只割韧皮部，不损伤木质部。然后撬起树皮，沿纵割的刀痕向两侧撕裂，随撕随割断残留的韧皮部，待绕树干一周全部把树皮剥离后，再向下剥，一直剥到离地面 10 ~ 20 厘米处。

有些地区采用三刀法，即用弯刀在主干离地面高 1.5 米处横割一圈，割断韧皮部，不伤及木质部，再向上 50 厘米处同样环割一圈，然后在两环割之间，浅浅地纵割一刀呈“Ⅰ”形，撬起树皮，用手向两旁撕裂剥下。在韧皮部未割断的部分，边撕边剥，但不以手或剥皮工具触碰剥面。在剥皮时要选择立地条件好且生长健壮、发育良好的林木。

（2）剥皮时间

新生皮再生的成败，不仅与剥皮方法有很大的关系，也与剥皮的季节有很大关系。实质上是与剥皮时的气温和湿度的关系。根据产区的观察实践表明，最佳的环剥季节大致在 5 月上旬至 7 月中旬。环剥最好在阴天多云，而且剥后没有连续天晴及干旱的天气。

（3）剥面保护方法

在适当时期环剥，只要方法得当，环状剥皮后一般剥面无需特别保护，就能自然地产生新皮。但在有些地方适于杜仲剥皮的时期恰逢高温干燥的季节，若不进行保护，就难形成再生皮；还有些地方，即使选择了适宜的时期和恰当的方法，但由于剥皮后遇到了异常的天气（烈日或阴雨），使新皮再生的效果不能令人满意。因此，要对剥皮面进行保护。最早应用的保护物是透明塑料薄膜，但由于不透气，易感染病菌使再生新皮发生不同程度的坏死，后改用牛皮纸或旧报纸效果较好。具体做法是：在对杜仲环剥皮后，及时地环状包裹一圈牛皮纸。上下两端要超过剥面高度 8 厘米左右，用绳或线紧扎在没有剥皮的厚皮上，接口用胶水粘住（不要触及剥面），7 天后取掉牛皮纸即可。

对剥面的保护也可采用“原皮包裹”的方法，即把剥下的杜仲皮，仍然复位到原剥皮处，两端用绳或线扎紧即可，7 天后取掉。

(4) 加速剥皮再生的方法

根据研究，在杜仲剥皮24小时后，用萘乙酸 10×10^{-6} 的浓度加赤霉素 10×10^{-6} 的浓度来涂抹剥面（注意刚剥皮后不要即时涂抹，以免损伤剥面），然后再用牛皮纸包裹保护，能够加快杜仲再生新皮的形成。

(5) 杜仲环剥皮的间隔期

一般来说，杜仲剥皮后4~5年，树木各方面的生长就趋正常。因此，第二次剥皮如果在第四年或第五年进行，尔后每隔4~5年剥一次比较合适，这样可以减少对树木生长的影响。

五、病虫害防治

1. 病害防治

(1) 猝倒病（立枯病、根腐病）

苗期常见病。

防治方法：

①要选择疏松、肥沃、湿润及排水良好的微酸性土壤育苗；适当早播、密度适中；用黄心土作垫床覆盖种子。

②药物防治：在作苗床前每亩撒施7.5~10千克硫酸亚铁粉末翻于土中或每平方米用福尔马林50毫升加水6~12千克，浇完后用草袋覆盖10天后揭去草袋，再过两天播种；种子消毒在催芽处理前，用1%高锰酸钾溶液浸泡种子30分钟。幼苗发病期间，可施用1%~3%硫酸亚铁液，以淋湿苗床土壤表层为度，硫酸亚铁对苗木有毒害，施用后再喷清水洗苗；还可喷波尔多液或在苗床湿度大的情况下撒草木灰和适量石灰。

(2) 叶枯病

主要危害杜仲叶子。防治方法主要是保持林分合理密度，改善林木通风条件，可用50%的代森铵600~800倍液，或者36%的代森锰200~300倍液喷洒树冠。

(3) 腐果病

危害果实，也危害枝梢和叶片。

防治方法：

①多施有机肥，配合氮、磷、钾化肥使用，以利于提高树势。

②药物防治：在幼果期喷洒200倍液的锌铜石灰液（硫酸锌0.5份，硫酸铜0.5份，生石灰2～3份，水200倍），也可用50%多菌灵100倍液，或50%退菌特800倍液，40%福美砷100倍液。喷洒方法在落花后10天左右喷第一次，以后每隔15～20天喷一次，连续4～6次。

(4) 杜仲再生皮烂皮病

症状是环剥后再生新皮出现黑褐色病斑。

防治方法：

①环剥前所用工具必须消毒；采剥皮时，工具和手不要触及剥皮处，以减少感染。

②药物防治：采剥后可用600～800倍的红霉素液喷洒剥皮；当剥面出现病斑时，也可用此药喷洒，但必须先刮去剥面上的病斑。

2. 虫害防治

(1) 地老虎

又叫切根虫、土蚕，主要危害苗木。

防治方法：

①在育苗措施上应及时除草；适当早播。

②人工捕捉，可在夜间幼虫出土活动时逐床捕捉，或堆草诱杀。

③药物防治：对成虫可在晚间利用黑光灯诱杀，或利用糖醋液倒入盆中，即用红糖6份、醋3份、酒1份、水10份，把糖醋液倒入盆中，盆内盛糖醋液3～4.5厘米深，距地面0.6～1

米，傍晚放到苗圃诱杀，10 天换 1 次。

（2）木蠹蛾

主要以幼虫蛀害健康木和生长衰弱树木的枝干部分。

防治方法：

冬季检查清除被害树木，并进行剥皮烧毁；在成虫羽化初期，产卵前用石灰作涂白剂涂刷树干；在树干上喷洒 40% 的乐果乳剂 400 ~ 800 倍液等。当幼虫蛀入木质部后，可根据排出的新鲜虫粪找出蛀道，再用废布、废棉花等蘸取敌百虫原液或二硫化碳等塞入蛀道内，并用黄泥封口；也可用磷化铝片，取0. 5 ~ 1 片塞进孔道，用黄泥封住。

（3）刺 蛾

又名毛辣虫，主要危害树叶。

防治方法：

①消灭越冬虫茧；

②利用刺蛾成虫的趋光性进行灯光诱杀。

③利用天敌赤眼蜂寄生卵上，消灭害虫。

（4）夜 蛾

危害期较长，从春天杜仲枝叶发叶到叶片老黄均可受到危害。

防治方法：

使用 741 烟雾剂熏杀幼虫；秋季翻挖林地，破坏杜仲夜蛾越冬场所及环境，消灭越冬蛹；也可使用溴氰菊酯毒笔（西北林学院研制）在树干上画出两圆圈，间隔距离 3 ~ 5 厘米，消灭 3 龄以上幼虫（幼虫夜间上树，黎明前下树潜伏时接触而被杀死）。

（寻良栋）

山 楂

一、用途、经济价值及市场前景

山楂树是我国原产果树之一。山楂食用营养丰富，因鲜食味酸，适于加工，可获得酸甜适口的美味食品和饮料，为了食用方便和降低成本，可以开展家庭小加工，操作简便，易于掌握，并能制出理想的山楂食品。如山楂干片、山楂糖葫芦、山楂冻、山楂糕、山楂酱、山楂果脯、蜜饯山楂等。

我国栽培利用山楂虽然历史久远，但一直被视为小杂果。20世纪60年代末期，随着国内外对其药用成分和药理作用的进一步研究，山楂才一跃而成为稀珍果品，被卫生部确定为药食两用食品，既可申报药字号、健字号，又可申报食品字号。随着山楂药食两用价值的深化，需求量将逐渐增大，山楂将有着广阔的市场前景。

首先，用山楂加工各种食品和饮料，可以不加或少加色素仍能保持独有的风味和色泽，因而成品率高，易销售，能获得较高的利润。就全国来讲，山楂食品每年交易额可达30亿元左右，山楂工业制品所需原料将从现在的4.5万吨增长到2010年的10万吨左右。随着我国养殖业的不断发展，饲料加工企业所需的山楂原料也是不可忽视的。

其次，在药用方面，随着山楂药用价值的不断发现，再加上以山楂黄酮、山楂核馏油为主要成分的新药品种投产，山楂的需求量将逐步增大。随着对山楂食用和药用方面的不断研究，新的山楂食品、药品品种的不断出现，山楂的市场将是无限广阔的。

二、生物学特性及品种

山楂在植物分类学中属于蔷薇科山楂属，有1 000余种，广布于北半球，主产北美。我国约17种。

1. 对环境条件的要求

云南山楂又叫山林果，落叶乔木，高达10米；树皮黑灰色，通常无刺。叶卵状披针形、卵状椭圆形，长4~8厘米，先端急尖，基部楔形，叶柄长1.5~4厘米，无毛，伞房或复伞房花序；总梗及花梗无毛。果球形或扁球形，直径1.5~2.0厘米，黄色带红晕，皮孔褐色，小核5粒。花期4~6月，果期8~10月。产于云南、四川、贵州、广西；生于海拔1 400~3 000米向阳山地、溪边。山楂树冠整齐，栽培范围广。在年平均气温为2.5~22.6℃，大于或等于10℃的年积温在2 200~5 100℃，极端最低温为-41℃，年降雨量450毫米以上，无霜期100天以上的地区，无论山地、平原、丘陵、荒滩、酸性或微碱性土壤，都有适宜的品种供生产栽培。山楂的栽培管理技术简便，经济效益高。山楂栽植3~4年就可结实，5~6年生即可见到收益，10年生左右可进入盛果期，经济寿命可达百年以上。一般成龄树株产50~200千克，高产树可达750千克以上。

2. 根　系

山楂的根系因砧木、树龄、地区不同而有差异，同时又与管理水平、树体的营养状况有关。土壤肥力高的根系生长旺盛，根群发达而伸展范围大；土壤肥力低和多年不耕作的果园则根系生长弱。据观察，山楂的吸收根在一年中有3次发根高峰。第一次高峰从发芽前20天开始到发芽期止；第二次高峰在夏季新梢停止生长后，这一次发根密度最大；第三次发根高峰在果实采收后，发根的时间最长，但密度最小。枝条生长与根系生长交替进行。

3. 枝　条

山楂的一年生枝条可分为营养枝和结果枝两大类。

（1）营养枝

根据长度，营养枝又分为叶丛枝（1 厘米以下）、短枝（1～5 厘米）、中枝（5～15 厘米）和长枝（15 厘米以上）。

（2）结果枝

能抽生结果枝的枝条叫做结果母枝。结果母枝也按长度相应分为短母枝、中母枝、长母枝。因树龄、树势不同，枝类组成也不相同。初结果树的结果母枝中，中、长结果母枝占母枝总数的 33.7%，盛果期大树的树势缓和，长枝所占比例很少。结果母枝中，中、短结果母枝占 95% 以上，极少有长结果母枝。枝条的生长发育与树龄、气候条件和栽培技术有关，营养枝和结果枝生长动态也表现各异。据观察，一般中、短枝于 4 月下旬开始生长，5 月上旬从花序伸长开始进入生长高峰，开花前 5～6 天停止加长生长。营养枝生长稍晚于结果枝，但生长时间长且生长量大，到 5 月下旬至 6 月上旬开花时，枝条生长减缓，并有部分枝条形成顶芽。营养枝和结果枝在前期伴随加长生长而出现加粗生长的高峰，结果枝于 7 月末停止加粗生长。影响抽枝长短的因素，除芽的质量外，还与芽的着生部位及营养条件有关。

4. 花　芽

不同枝条花芽分化的开始时间不同，短枝顶芽分化早，长枝较晚。山楂花芽分化，8 月中、下旬进入高峰期，此时果实生长缓慢，枝条积累的有机养分多，有利于形成大量大芽，故 8 月份到采收前增施氮、磷、钾肥料，对花芽分化、树体营养积累、翌年开花产果均有重要作用。山楂的花芽分化和果枝连续结果能力较强，生长正常的盛果期树，结果母枝 0.45 厘米以上，长 7 厘米以上的侧芽或顶芽，多数能形成花芽。山楂的花芽是混合芽，萌发后先抽生结果枝，山楂单性结实能力强。山楂生理落果时间较为集中，从落花后 10 天左右开始落果，高峰期出现在落花 15～18 天和 24～25 天。两次落果高峰间隔时间 7 天，第一次落果占落果总数的70%以上。

5. 主要品种类型

山楂的栽培历史久远，栽培品种类型较为丰富，多集中在京、津、山东、苏北栽培区。云贵高原栽培区的种质资源较为丰富，但调查研究工作和新品种的培育滞后。云南及昆明地区的主要品种有：玉溪的大湾山楂、江川县的雄关山楂、通海县的鸡油山楂、昆明地区的大白果等。昆明市宜积极引进红肉系列优良品种，以提高市场的竞争能力。

三、育苗技术

苗木是发展山楂生产的物质基础，苗木质量对栽后的成活率、长势、结果早晚、产量都有密切的关系。

1. 实生砧木苗的培育

用种子播种的砧木苗称实生砧木苗。种子应从生长健壮、无病虫害的野生山楂树上采集。采种母树必须是成年母树，所采种子应充分成熟。把采回的果实先碾碎或堆积发酵，待果肉腐烂后，用水漂洗，除去果肉及杂质，取出种子即混沙贮藏。

（1）山楂种子层积处理方法

①两冬一夏层积法。

选择地势高燥，不易积水，背风阴凉的地方挖贮藏沟，沟深60～70厘米，宽50～100厘米，沟底铺5～10厘米的湿沙。将种子与3～5倍湿沙混匀放入沟内，填至距沟面10～15厘米即可，上面覆盖土高出地面20～30厘米，待第二年6～7月份将种子上下翻动一次，并保持一定湿度，第三年春即可播种。

②早采种沙藏法。

这种方法处理得当，经一冬沙藏即可播种。据观察，山楂果实在半青半红时种子已基本成熟，这时采集种子，将果肉压碎入缸内浸泡7～10天，隔日换水，然后漂净果肉取出种子，趁湿进行沙藏（方法同前），第二年春季即可播种。

③变温处理沙藏法。

将纯净的山楂种子浸泡10天（隔天换水）后，再用70℃左右温水浸泡，均匀搅拌，等水温下降到30℃左右，停止搅拌，浸泡一昼夜后捞出沙藏。第二年春播前20天左右，取出砂藏种子进行催芽处理。方法是把混沙的种子放在背风向阳的地方堆放，温度保持在17～18℃，每天上下翻动一次，并喷少量的水，经常保持种子湿润，注意通风，防止霉烂。等到种子开裂，大部分种子发芽时即可播种。

2. 育　苗

苗圃确定后要进行深挖施肥，整地作床。床宽1米，长依地势而定，按行距20厘米左右挖播种沟，沟深4厘米，宽3～5厘米，整平沟底，将种子播入沟内。播后薄盖一层细土，上面再覆盖一薄层细沙或稻草，以利于保墒。一般野生山楂种子每千克1.2万～1.4万粒，每亩用种量20千克左右。出苗后，在4～6片真叶时可进行疏苗移栽。在苗期应加强管理，要求土壤疏松无杂草。5～6月份雨季到来之前，每亩追施硫铵10千克左右，同时做好病虫害防治工作。1～2年生时，苗木地径达0.5厘米以上，高度达25厘米以上时便可进行嫁接。

3. 根蘖归圃

一般根蘖苗根系不发达，栽植成活率较低，应选取须根量大，枝干白嫩的健壮幼苗入圃，并延长圃地的培育时间，以使根群发达，苗木健壮。通常在秋季落叶后或春季发芽前刨苗。秋前刨苗移栽成活率高，翌年生长好。归圃育苗不宜刨粗大的根蘖苗。如在栽植前以10ppm萘乙酸溶液将根蘖苗浸泡12小时，将会显著提高根蘖苗的栽植成活率。根蘖苗栽植后应用力踏实，浇足水，水渗透后覆土。秋栽苗要多覆土，翌春后要及早掰芽定枝，并及时追肥、浇水、中耕除草、松土保墒、防治病虫害，以利当年芽接。

4. **野生山楂梗枝扦插**

扦插时间为11月中旬。将野生山楂苗上半部剪下，并剪成10~20厘米的小段；将枝段斜插或直插在沟内，覆土厚度为沟深的2/3，浇足水，隔两天后再浇一次小水，并用表土将地上部分覆盖。萌芽后留一个健壮芽，其余抹掉。据调查，直插比斜插的成活率高；一年生插条比二年生以上的成活率高；插条长15厘米左右的易生根。

5. **嫁接苗的培育**

嫁接能否成功，首先取决于接穗的质量，嫁接时间和嫁接技术。

（1）接穗的采集及嫁接时间

良种壮苗是高产稳产的物质基础。所以，采集接穗必须从适于本地发展的优良品种上采取，分品种嫁接。采集接穗的植株必须是生长发育健壮、芽子饱满的营养枝。芽接接穗要从当年生的外围新梢上选取，剪下后立即摘除叶片，保留0.5厘米的叶柄，最好随采随接。枝接可结合冬季修剪，选取生长充实的一年生枝条做接穗，枝条应在低温下用湿沙埋藏，待春季枝接时取用。远距离采集接穗时要妥善包装，全穗或接穗两头蘸蜡，然后用湿草包好运输。嫁接时间，芽接由7月中旬开始，枝接在春季砧木树液流动后进行，一般在“惊蛰”到“谷雨”节令前后。

（2）嫁接方法

在苗圃中培育山楂多采用芽接法和切接法，若砧木较粗，可采用劈接法或腹接法。芽接法节省接穗，操作简便，成活率高，故大量繁殖苗木多用芽接法，（操作图例）见109页。

（3）嫁接苗的管理

嫁接后管理的好坏，是关系到成活率高低和苗木质量的关键环节。管理的主要措施是：补接，芽接后一周观察，凡接芽新鲜未皱缩，叶柄已落或一触即落的，表明已经成活，如接芽变黑、叶片皱缩、叶柄僵死在芽上的即未成活，应立即补接；高寒山区要培土高出芽接部位防寒；翌年春萌芽前解除绑缚物。枝接芽的绑缚物一般在夏季解除；秋季芽接的，待翌年春接芽萌发前，在芽接上方0.5厘米处一次剪砧，一般在3月下旬至4月上旬进行；除萌蘖，凡砧木发出的萌蘖都要及时除掉，随萌随除；加强土壤及肥水管理，在嫁接苗速生期的5~7月追肥2次，第一次每亩施尿素10千克，第二次每亩施复合肥12千克，每次施肥都要结合浇水，8月份停止追肥，同时要加强中耕除草和翻挖土壤，加强病虫害的防治，以保证苗木充实健壮。

四、建园与移栽

山楂树寿命较长，一定要做好园地选择和规划设计工作。

1. 园地选择与规划设计

山楂适应性强，对土壤要求不太严格，山地平地，阳坡阴坡都能生长。但最为适宜的土壤是土层深厚、质地疏松、排水良好的壤土。山坡地建园以坡度不超过15°为宜，严重干旱的瘠薄山地，可在阴坡或半阴坡地上栽植。山地、丘陵地一般要求光照充足，空气流通，排水良好。建立山楂园要开展规划设计，原则是“因地制宜、合理布局、适地适树、配套合理”。充分分析研究本地的气候、土壤、社会经济条件，制定切实可行的发展规划。园地规划设计的主要内容包括栽培小区划分。依地形地势而定小区，一般山地小区为30~40亩一个小区，平地60~100亩为宜；设计防护林带；排灌系统及道路设施。

2. 整　地

整地的作用就是控制和改善环境条件，疏松土壤，改变土壤的理化性质，达到培育山楂速生丰产的目的。

(1) 深翻改土

对土层厚度不足50厘米的瘠薄山地，或30~40厘米以下有不透水粘土层的沙地必须深翻改土，方法有扩穴深挖、山地里半部深挖（即靠坡部分）及平地隔行或隔株深翻，有利于水土保持。

(2) 修筑梯地

修筑梯地是山地栽植山楂最好的一种方法。一般梯地面宽3~5米，外高内低，在内侧开挖排水沟。

(3) 撂壕整地

在坡面较整齐，15°以下的坡地上，可沿等高线挖撂壕。撂壕就是每隔3~5行山楂，沿等高线方向挖一条排水沟，一般上宽50~80厘米，底宽30~50厘米，深40~50厘米，沟土放在坡下培成一个土埂即可，可防止水土流失。

(4) 鱼鳞坑整地

在地形复杂不易修梯地和撂壕的斜坡地，栽植时在挖大塘的基础上，结合历年的幼树管理，挖上填下逐年完成下面和两侧的高度，形成上面稍低的鱼鳞坑。近年来，昆明地区普遍采用的带状壕沟整地，下施垃圾肥的办法也可因地制宜地采用。

3. 移栽时期和方法

(1) 栽植时期

山楂树的栽植，一般来说春冬两季都可以进行。山楂属落叶乔木，冬季的劳动力较宽松，昆明地区宜选择冬季栽植。春季以3月上旬至4月中旬为宜。但为避开春旱，也有雨季栽植的。不论冬季或春季栽植，都要覆盖薄膜，适时浇水。

(2) 栽植方法

苗木定植前要检查苗木质量和根系的湿度及完好状况。为提高成活率，可进行泥浆蘸根处理。栽植时，首先视苗木根系大小，将定植穴的土面调整合适后踩实，再将苗木放入穴内并使根系自然舒展，填入面土、细土，边提苗边踩实，定植深度要求以苗木根颈与地面相平为宜。定植后修筑树盘浇足水即可。

五、抚育管理技术

1. 深翻熟化土壤

包括深翻扩穴、中耕除草、林粮间作等措施，间作物一般以生长期短、植株矮小、需肥量少的豆科作物为主，有机肥不足的地方可种植绿肥，就地压青养地。

2. 施　肥

施肥可以增加和补充土壤肥力，改善土壤结构，提高地温，改善通气状况，保证山楂树正常的生长发育和果实高产稳产。

（1）基　肥

基肥以圈肥等迟效有机肥为主。施肥时间以秋季果实着色期至落叶期施入较好，施肥量主要决定于不同年龄树体的生长发育情况，一般合理密植的早期丰产果园应施1次，通常亩施有机肥1500~2500千克，化肥50~80千克，幼树株施有机肥25~40千克，化肥0.5千克，结果期大树可按千克果千克肥的标准施用。基肥的施肥方法可采用环状、条沟、穴状等施肥方法，以树冠投影下为好，深度50~80厘米为宜。

（2）追　肥

追肥种类以速效肥为主，如尿素、碳铵、硝铵、磷酸二氢钾等。追肥时间依树龄而定。幼树可在萌芽前至叶幕形成后，追施1~2次氮肥；新梢冬芽出现期再追施1~2次磷钾肥。结实期可在萌芽前、落花后追施3~4次氮肥为主的化肥，在果实膨大期、着色期追施2~3次以磷钾肥为主的化肥。施肥方法可采用放射状或穴状等方法施入，深度20~30厘米。也可进行叶面喷施。尿素喷施的适宜浓度为0.3%的水溶液，磷酸二氢钾为0.3%~0.5%。

3. 灌　水

为了保证树体的生长发育和高产稳产，必须通过灌水和排水措施，创造适宜的土壤水分状况。主要根据山楂园的土壤含水量及树体的需水期而进行。一般土壤含水量低于50%时就应灌水。从树木的发育状况而言，可在萌芽前、开花前、果实膨大期灌水。另外，每次施肥后也应灌水。灌水方法可采用树盘灌水、开沟灌水、滴灌和喷灌。排水防涝也是保证树体正常生长的重要环节。

4. 整形修剪

整形修剪是山楂树重要的管理措施之一。

（1）基本修剪方法

短截、疏枝、缓放、回缩、拉枝、摘心、刻伤和曲枝等。山楂整形、枝组培养和促发分枝、促进花芽分化，以及老树更新等。

（2）主要树形

山楂树体结构的确定，主要在于栽植形式，自然条件和管理水平等。一般多采用疏散分层形和自然开心形。疏散分层形的树体结构图和自然开心形树体结构图见112～113页。

（3）整形修剪

①幼树期（定植后3～4年）。

主要任务是培养牢固的骨架和增加枝量，要做好定干、主枝的选留、侧枝的选留、辅养枝的培养。对于徒长枝要重截，实行冬剪与夏剪相结合的办法促使短枝的增加和花芽分化。初结果期要采用先缓后缩法、先截后缓法、营养枝花前摘心法、拉枝、刻伤培养结果枝法、辅养枝环割法等。盛果期则要调整树体结构，疏除过密大枝，调整叶幕结构，充实内膛，要求结果母枝间距保持在10厘米左右。培养健壮的结果母枝，提高枝芽质量。

②衰老树。

着重更新复壮，恢复树势，延长结果年限，应着重对主枝和侧枝进行回缩，一般回缩面直径以不超过3～5厘米为宜。

5. 其他管理

（1）保花保果

山楂树的花较多，但坐果率仅为10%左右，而且生理落果严重。因此，必须采取有效的保花保果措施，以达丰产目的。主要办法有：加强土肥水管理；花期放蜂和人工辅助授粉；花期喷布赤霉素，可以提高坐果率，减少落花落果，增产效果明显。

（2）疏花疏果

对花果量过大的树，要采取疏花疏果措施，保证丰产稳产，主要办法是：

①对各级骨干枝的延长枝要中短截，剪掉花芽，促发营养枝，恢复树势；

②对结果枝组进行适当回缩，剪掉一部分花芽；调节营养与生殖生长的关系；

③花量过多的大树可酌情在花期进行疏花，疏除弱花、顶端花序；幼果期疏果，疏掉小果、畸形果和病虫果。

六、病虫害防治

1. 山楂病害

（1）山楂白粉病

危害嫩芽、新梢、叶片、花蕾和果实。

防治方法：

①加强管理，铲除病源，晚秋彻底清扫落叶落果，结合秋冬施基肥将其埋入地下，铲除病源。

②多施有机肥，增强树势，提高树体抗病力。

③药物防治：在发芽前喷一次波美3～5度的石硫合剂（重

点喷布根蘖苗和实生砧）。花蕾期和落花前后各喷布0.3~0.5度石硫合剂。经试验证明，托布津、敌硫酮、福美砷对山楂白粉病的防治效果优于石硫合剂，25%粉锈宁乳剂1 500~2 000倍液喷雾，其效果又优于托布津。

（2）山楂花腐病

分生孢子在花期由柱头浸染发生花腐和果腐，病果暗褐色，表面有黏液，有酒糟味，最后幼果脱落。

防治方法：

①清除病源，于6月下旬后将病果彻底清除并深埋。

②早春4月上、中旬之间翻地，将病果压在土下，深度10~15厘米即可。

③早春萌芽前在地面喷布1 000倍五氯酚钠效果良好。

④展叶期喷2次700倍甲基托布津或百菌清700倍液，间隔3~5天，盛花期喷1次250倍25%多菌灵溶液，效果良好。

2. **山楂虫害**

（1）白小食心虫

主要危害叶片及果实，果实被害后，蛀孔处有用丝粘结在一起的成堆颗粒状虫粪。

防治方法：

①初冬和早春刮树皮并烧掉，杀死越冬幼虫。

②在两代幼虫老熟前，及时摘除虫果，集中销毁。

③在两代卵盛期，各喷1~2次药，可喷50%对硫磷2 000倍液，1 000倍杀螟松乳剂，敌百虫800~100倍液。喷药时注意叶片的正面、背面及果面都要喷到。危害山楂的主要害虫还有桃小食心虫、梨小食心虫、山楂红蜘蛛等。其发生规律及防治方法请参照其他树种。

（寻良栋）

竹

竹子生长迅速，繁殖容易，适应性强，见效快，能年年抽笋，岁岁成竹。从笋到材的利用自古以来涉及人们的衣、食、住、行等各方面。竹子与人们的生活息息相关。同时，竹林对生态环境具有调节气候、涵养水源、保持水土、减弱噪音、净化空气、防止风害等作用。竹业是林业的重要组成部分，大力发展竹产业，以竹代林、以竹养林，是加快我国林业发展的一项重大举措，是退耕还林的首选树种之一，是加快云南省产业结构调整、振兴山区经济的一条有效途径。

一、慈　竹

慈竹别名钩鱼慈，为一中型丛生竹种，生长迅速，出笋率高，成林快，收益早，可连年采伐利用。在我国有较长的栽培历史，在四周绿化中占有重要地位。近年来已用于成片造林绿化。

1. 形态特征

慈竹为常绿多年生禾本科植物，地下茎合轴丛生。秆高 7 ~ 12 米，胸径 3 ~ 7 厘米，顶梢下垂如系钩丝状，节间圆筒形，一般长 30 ~ 40 厘米，最长可达 60 厘米，壁厚 0.4 ~ 0.6 厘米，幼秆节间绿色，老秆黄色，有灰色或褐色小刺毛，上部节间尤为显著。秆箨早落，包被节间 1/2 ~ 1/3；无箨耳，箨叶多反卷，披针形。每节生有多数芽，5 ~ 7 节开始分枝，密集成半轮生状，主枝不明显，侧枝近于平展。叶片质薄、叶小型披针形、长10 ~ 20 厘米、宽 2 ~ 3 厘米。花枝成束，无叶，每枝通常生小穗 2 ~ 4 枝。种子成熟后呈纺锤形，腹部有沟纹。

2. 地理分布及林学特性

慈竹主要分布于云南、贵州、四川 3 省及广西壮族自治区。

其分布北界可达汉水流域，东至湖南西部，南界由广西北部向西达云南文山、红河、思茅地区。垂直分布随各地地势高低有很大差异，在其分布边缘和四川盆地多分布于海拔 1 000 米以下；而云南在 1 000 米以下不见慈竹生长，分布中心为海拔 1 200 ~ 2 200米的地方，最高可达海拔 2 400 米。在年均温 12 ~ 18℃，绝对最低气温 -12℃以上，年降雨量超过 750 毫米，平均相对湿度 70% ~80% 的气候条件下生长良好。

慈竹以 2 ~3 年生母竹发笋能力最强，4 年生以上的母竹大部分芽眼已不能萌发，在滇中地区 5 ~9 月为抽笋期，其中以6 ~ 7 月发笋最多，新竹质量高；8 月以后抽笋的新竹质量差，退笋的比例也大。

慈竹从竹笋出土到幼竹高生长停止需要 90 天，到次年 3 ~4 月幼竹梢端开始由上而下先抽枝，后放叶，成为能够独立生活的竹株。

慈竹一年生的新竹处于幼龄阶段，枝叶、根系还没有充分生长发育；2 ~3 年生的慈竹发笋力最旺；5 ~6 年生的慈竹基本不发笋，而竹材性质良好，竹子处于壮龄阶段；6 年生以上的慈竹生活能力逐渐衰退，材质逐渐下降，进入老龄阶段，开始出现枯竹、站秆。

3. 培育壮苗

(1) 苗圃地的选择及整地

苗圃地应尽量选在造竹地中心或附近，最好选择地势平坦、交通方便、灌溉便利、靠近居民点较近的地方，选择土质疏松、透气良好的砂壤土、肥力中上等的土壤，忌选土壤干燥、粘重、积水、遮阴和病虫害、鼠害严重的地方。

苗圃地选好后，进行精细的翻耕整地，深翻 30 厘米，碎土整平，做成苗床。苗床一般宽 1 米、长 10 米左右，或视地形而定。每亩施腐熟厩肥 1 000 ~1 500 公斤作基肥，苗圃地应进行土壤消毒。

(2) 育苗季节

主要的育苗方法有播种育苗、埋秆、埋节、分株育苗4种。

播种育苗在早春进行。

埋秆、埋节育苗在滇中地区以树液开始流动，枝芽即将开始萌动的3月初至4月上旬为宜。育苗后一个月左右开始萌发出土抽枝长叶，2~3个月生根。

分株育苗以3~9月份为最佳。

(3) 育苗方法

①埋秆育苗。

带蔸埋秆：选择1~2年生带芽节数较多，节芽饱满无病虫害的母竹，整株挖起，勿伤笋芽，砍去顶梢和基部无枝芽各节(大型竹留15~25节，中型竹留10~20节)，剪去所有侧枝，仅留较粗的主枝一条，主枝从基部第一节上方1厘米处剪去枝梢，以抑制侧枝腋芽的生长。然后在所埋竹秆的每一节间开一切口，切口深度为竹秆直径的1/2~2/3。埋秆时将母竹平放于事先开好的育苗沟中，使秆柄朝下，节间切口向上；埋秆育苗行距40~50厘米，覆土厚度5~10厘米，踩实土壤，平整苗床、盖草、充分浇水。

不带蔸埋秆适用于2~4年生母竹。操作方法基本同带蔸埋秆育苗。不带蔸埋秆的优点是不需挖掘母竹，只需砍伐母竹，可以节省劳力及成本，但成活率稍低。

②埋节育苗。

埋节育苗可采用埋单节育苗和埋双节或三节育苗。

埋单节育苗：选2~4年生具主枝和次生枝的母竹，砍下母竹后除去顶梢和基部无枝各节，剪去全部侧枝，仅留主枝，然后将母竹按每节截下，两端可截成方向相反的马耳形（或平截），要求切口平滑，尽量避免破裂。埋节时母竹平放于育苗沟中，节芽向上，覆土5~10厘米，踏实土壤后盖草、浇透水。

埋双节或三节育苗：基本方法同上，只是埋条要求留两个或三个节，并在每一节间打孔灌水，以更能满足发芽对水分之需，可提高成活率。埋节时主枝或次生枝向两侧，以利发芽。

埋秆、埋节育苗均应注意埋条不能被较长时间暴晒，若运输距离较长，应先给竹秆洒水，再用湿润草席遮盖，若当日不能育苗，须将埋条浸入流水或清水中，次日及时埋下。

③播种育苗。

如能得到慈竹种子，可采用播种育苗。播种育苗一般采用点播。播种前应先用清水漂洗种子，再用2%的硫酸铜溶液浸种5分钟或用0.2%~0.3%的高锰酸钾溶液浸种30分钟左右，以对种子进行消毒；种子消毒后，用初温40℃的温水浸种24~48小时，其间换清水1~2次，浸种完成后应立即播种。播种按株行距20厘米×20厘米开沟打穴点播，每穴播种8粒左右，覆土0.5~1厘米，压实土壤，然后盖草淋水。待苗高10厘米左右时移植，每穴留苗2~3株，苗多则移出，不足者补齐。1~2年生苗即可出圃用于造林。

④竹苗分株再育苗。

于每年的3~9月，在苗圃中将成丛的竹苗分成若干株（丛）移植于苗床内，继续培育苗木。具体操作方法是：在阴天或晴天午后，先在苗床上剪去竹苗2/3的枝叶，然后挖起苗丛，轻轻去掉部分泥土，从基部用手或枝剪将苗丛分成具有2~3株的小丛若干，并及时浆根或移植。移植株行距视苗木大小而定，一般（20~30）厘米×（20~30）厘米。移植后应及时浇透水，如遇高温干旱天气应搭荫棚遮阴1~2周，以利成活，成活后即可撤除荫棚。

4. **造　林**

（1）造林地的选择

慈竹基本上是一个坝区竹种，喜温、耐寒。最适宜生于土层深厚，土壤疏松、肥沃、湿润、背风、排水良好的环境。河岸、道路、村舍四周，慈竹分布最多，生长最好。山谷、山脚或缓坡地，只要土层深厚也可以营造慈竹。干燥、瘠薄、石块太多、粘重的土壤、迎风的地方，慈竹生长不良，不宜选作造林地。

（2）造林季节

一般以春季造林最好。1～3 月是慈竹休眠期，挖掘、搬运、栽植都比较方便，成活率高，当年即可发笋，3～4 年就能成林。但在春旱严重地区，灌水困难，往往因干旱造成死亡。因此，在春旱地区可在刚进入雨季时，发笋期前随挖随栽，既能得到很高的成活率，又节省劳力。

（3）造林方法

慈竹造林主要有母竹移栽、竹苗栽植两种。

①母竹移栽。

母竹移栽是传统的造林方法，此法对于较大面积的造林，常受到母竹来源及技术因素的制约。要获得移母竹造林的成功，需抓好母竹选择、挖掘、正确栽植等几个主要技术环节。

②母竹的选择。

选择生长健壮、无病虫害、枝叶繁茂、分枝低、芽眼饱满、胸径 3～5 厘米的 1～2 年生的竹竿，这样的植株发笋力强，栽培容易成活，成林迅速，是最适宜造林的母竹。

③母竹的挖掘。

每丛母竹选符合上述要求的几株竹竿，挖掘时应在距离母竹 30 厘米处环形挖掘，并注意寻找母竹与竹丛竿基连接的竿柄，用锋利刀具截断竿柄，连蔸带土挖起。挖起母竹后，在竹竿 1.5 米左右高处，从节间中部斜行切断，并留 2～3 台枝条。然后将竹秆横隔打通，灌入清水，并用湿的泥土封口。挖掘母竹时应注意：切忌损伤笋芽，保留适量的宿土，一般应尽快栽植，不可暴晒。运输时要用湿草席包裹，放于阴凉避风环境，保持湿润。

④栽植方法。

慈竹是丛生竹类型，没有蔓行地下的竹鞭，其地下茎节间很短，靠竹秆基部两侧的芽萌发成笋，长成新竹，故竹秆间距离很近。为充分利用地力和加快成林速度，栽植不能过稀，一般株行距以4~5米为宜。在河流两岸、道路两旁、肥沃的土地上，株行距可大些；在山谷、缓坡地，株行距可小些。栽竹前，要先翻耕整地，挖穴。穴的大小可根据母竹带土的情况决定，一般穴的长宽50~60厘米，深50厘米左右，能使其根系舒展为宜。挖穴时应将表土和底土分开堆放。栽植时，穴底先填细土，将肥料与土拌匀，再填2~3厘米表土，以使母竹根系不直接接触肥料，然后放入母竹，四周分层填入细碎的表土，踏实，使根系与土壤紧密接触。覆土的最上面盖上一层松土，覆土厚度比原母竹露土部分高4~6厘米，最后在栽植穴四周围一圆圈（土盘），浇足定根水。

母竹移栽，有时为了抢时间、抓机遇或其他原因，在气候、土壤和水分条件均好的情况下，常简化成竹蔸栽植。即选择1、2年生的母竹，距地面20厘米左右伐去竹秆，挖取竹蔸，注意不伤笋芽和秆基，随挖随栽。栽时秆柄朝上，根系朝下，笋眼在左右，斜栽，栽植深度15~20厘米，栽后踏实土壤，浇透定根水。此法移栽成活率稍低。。

⑤竹苗移栽

无论播种或埋条的慈竹苗相对其他大中型丛生竹的苗而言均较纤细，为提高造林成活率，一般都采用3~4株为一丛成丛地栽植。栽植前对苗木须进行修剪，剪去80%以上的枝叶，留苗高40~60厘米，栽植方法同母竹移栽方法，应确保植苗要正，根系舒展，踏实土壤，浇足定根水。

5. **造林后的抚育管理**

为了加快成林速度，造竹后要封山育林，及时松土除草、施肥、竹林间作和保护等抚育管理工作。

新造林地在 1 ~ 3 年间，可间种农作物，套种豆类，绿肥，以耕代抚既可增加农作物收成，又能促进新竹生长。竹丛发笋后，注意及时清除弱笋，保留 2 ~ 3 个健壮竹笋。

成林的抚育主要是护笋养竹，林地施肥，提高抽发新竹的数量。发笋初期和盛期，所抽发的竹笋粗壮，成林质量好，应尽量保留。末期出土的竹笋数量少，细弱，可以清除。发笋季节要防止人畜危害，严禁放牧。为了改善林地条件，应经常清除杂草灌木，疏松林地，提高土壤肥力。

6. **主要虫害防治**

（1） 竹斑蚜

群集于叶背吸食危害，易引发煤污病。

防治方法：

①适当间伐及修枝，使其通风良好。

②用 500 克烟叶加 10 公斤热水，浸泡后进行揉搓，再用热水溶解 100 克中性肥皂，倒入烟叶液中，加清水 20 公斤，充分搗拌后用于喷洒叶片，或喷射 50% 乐果乳剂 2 000 ~ 3 000 倍液。

（2） 竹介壳虫

寄生于竹叶背面吸食叶液，易引起煤污病。

防治方法：

①及时清除被害竹叶并烧毁。

②若虫期用 50% 马拉松乳剂 1 000 倍液，或 25% 亚胺硫磷 2 000 倍液喷射叶背。

7. **主要用途**

慈竹节间较长，质坚韧，每平方厘米抗拉强度达 4 520 公斤，为毛竹的2.6倍。为优良篾用竹种，可用于编制家具、农具、竹索、竹缆等。

慈竹纤维细长，含量高。纤维长度在690.2～3 248微米之间，平均为1 755.7微米；宽度最大为28.3微米，最小为8.2微米，长与宽之比为110.4∶1，是造纸的优良原料。

慈竹含木质量1年生25.95%、纤维素3年生63.98%。纤维细胞壁厚，吸收性能好，表面均整近于棉纤维，因此，也是优良的人造丝原料。

二、龙　竹

龙竹别名苦龙竹、大竹，是大型丛生竹种。其生长速度、产量、单株材积均优于毛竹，食用价值、材用价值可与毛竹相媲美，是我国热带、南亚热带、中亚热带气候区域值得大力发展的经济竹种之一。

1. 形态特征

龙竹为大型丛生竹类，秆圆直高大；秆高一般12～18米，最高可达30米，胸径一般10～16厘米，最粗达30多厘米。1～2年生秆鲜绿色，密被白色蜡粉；3～4年生秆绿色、黄绿色；5年生以上秆黄色；节间圆筒形，无沟槽，长一般30～40厘米，最长可达60厘米；秆壁厚1～1.5厘米，基部可达4～5厘米。竿箨迟落，基部常宿存。分枝较高，达3～5米，主枝明显，粗0.8～1.5厘米，侧枝较多，通常10～18枝；枝上有叶片3～7枚，叶长16～30厘米，宽2～5厘米，长披针形；花枝无叶，细长，目前尚未见到种子。

2. 地理分布及林学特性

龙竹主要分布于云南南部各地州，印度、泰国、缅甸也有分布。在云南除红河、西双版纳和思茅等地州有小面积的天然林外，绝大部分为人工栽培。据调查资料，在滇中地区适生海拔为

1 000 ~ 1 600 米。

龙竹为暖热性喜温怕寒竹种，有一定的抗旱耐瘠能力，适生地区年均气温为 17 ~ 22℃，绝对最低气温一般为 2℃，短时间内可忍耐 -2℃低温，要求无霜期 320 天以上，忌重霜；年平均降水量 1 100 ~ 1 600 毫米，年均相对湿度 75% 以上。在干湿季节分明、旱季空气相对湿度仅有 50% 左右的地方，龙竹 2 ~ 5 月落叶，以适应干燥环境；进入雨季后又恢复正常生长。在有重霜地区，常在冬季地上部分被冻死，次年春夏地下部分又能萌发抽枝、发笋成竹。

龙竹根系发达，须根密布土壤表层，在疏松、肥沃、湿润的土壤上生长最好，但有一定的抗旱耐瘠能力，只要年降雨量大于 800 毫米，土壤疏松深厚（大于 50 厘米）的山地，经过人工细致整地，就可获得造林成功。如新平县老厂乡有上万亩连片的竹园。

龙竹为较喜光竹种，幼林时需有一定的蔽阴环境，成林后则需较强的光照条件。

3. 栽培技术

与慈竹基本相同。

由于龙竹主枝明显，故在育苗方法中，可采用枝条扦插育苗。即选取 1 ~ 2 年生的主枝和次生枝，用利刀将枝条平行竹秆削下，注意不要伤着枝蔸，剪去枝梢，留基部 2 ~ 3 节的一段，用 50 ~ 100ppm 生根粉溶液浸泡枝蔸 60 ~ 120 分钟，然后将枝条斜插（15° ~ 45°）入育苗沟中，基部覆土厚度 5 厘米左右，仅留一节露出地面，株行距（10 ~ 15）厘米 ×（30 ~ 40）厘米，踏实土壤后盖草浇透水。经过精细管护，一般育苗成活率可达 50% 以上。

枝条育苗具有不伤母竹、方便引种和运输，工效高、起苗容易、育苗成本低等优点，是经济适用的一种育苗方法。凡具有主枝明显的大型丛生竹均可小规模地试用，但其采枝较困难。

4. 主要病害防治

(1) 竹苗笋腐病

危害部位及特征：埋节埋秆育苗时危害笋尖及嫩叶，发生褐斑而腐烂。

发生时间：第一年出笋期。

防治方法：

不选前作为蔬菜、松、杉的育苗地为竹子育苗圃地，基肥要腐熟，如发现病笋，要立即清除。在出苗后发病初期，立即喷洒1∶150 倍波尔多液或0.1%的高锰酸钾溶液，7~10 天喷一次，直至生长健壮为止。对笋腐病、根腐病、煤污病等病害，还可用敌克松、甲基托布津、多菌灵、石硫合剂等药物喷洒或浇根。

(2) 竹叶蝉

危害部位及特征：危害竹苗叶部，吸取液汁。

发生时间：6~10 月。

防治方法：

用乐果乳剂3000 倍液或敌敌畏乳剂喷洒竹苗。

(3) 竹蚜虫

危害部位及特征：群集于竹叶及小枝上吸食竹液，引起煤污病。

发生时间：5~9 月。

防治方法：

采用50%乐果乳剂2 000~3 000 倍液或敌敌畏乳剂2 000 倍液，或50%“1605”乳剂1 000~2 000 倍液，或敌杀死、甲胺磷等药物喷洒，并保护天敌瓢虫。

(4) 竹介壳虫

危害部位及特征：寄生于枝叶、枝干部吸食液汁，引起煤污病。

发生时间：5～10月。

防治方法：

若虫期喷洒敌敌畏1 000倍液，或马拉松乳剂1 000倍液，或松碱合剂，夏季10～25倍液，冬季8～12倍液，或用氟乙酰胺20倍液灌根部周围6～10厘米土中。保护天敌瓢虫。

（5）竹烟煤病

危害部位及特征：枝叶表面有黑色煤污层，影响光合作用。

发生时间：竹子生长季节。

防治方法：

以消灭竹子蚜虫和介壳虫为主，适当疏伐，使竹林通风透光。此外，可喷洒0.2～0.3度石硫合剂。

5. 经济价值及用途

龙竹竹材结构致密、纤维纵向排列、干缩性小；弹性、割裂性高，抗性、抗拉、抗磨性能好。在建筑上广泛用作支架、屋柱、屋梁、屋椽、竹墙、竹梯、竹瓦等，目前已用龙竹生产出十多种竹质人造板，是“以竹代木”最主要的途径之一。此外，还是制作农具、渔具、手工艺品和各种日常用具的重要材料。而且龙竹竹材纤维含量高，纤维细长，是制造中高档纸张和优良人造丝的重要原料。

龙竹笋体大，产量高，鲜时味苦，但经蒸煮漂洗后，即为优质的食品。目前市场上所见到的笋丝、笋干、笋片、酸辣笋、软包装竹笋等基本上都是用龙竹加工而成，是营养丰富的天然食品。

龙竹根系发达、体型高大、枝叶繁茂，对固持水土、涵养水源、调节气候等生态作用非常明显。

三、甜龙竹

甜龙竹包括版纳甜龙竹、勃氏甜龙竹、马来甜龙竹和野龙竹

4种。别名大甜竹、甜竹。甜龙竹为云南优质特有笋材两用大型丛生竹。其笋体粗大，鲜甜可口，生熟均可食用。竹材力学性能良好，用途广泛。竹丛高大翠绿，叶片极大，又是优良的环保及观赏竹种。

1. 形态特征及地理分布

甜龙竹为大型的丛生竹。高一般15～20米，粗10～15厘米，节间长20～50厘米，节上下密被白色或黄棕色绒毛；基部数节节上常具气生根；叶长20～40厘米，宽3～10厘米，笋期6～10月，笋重1～3公斤。

勃氏甜龙竹分布范围较广，云南全省50多个县市均有分布；版纳甜龙竹主要分布于西双版纳州、临沧地区；马来甜龙竹主要分布在德宏州；野龙竹分布于西双版纳、思茅、临沧、德宏等地州。近年来，广东、广西、四川、贵州等省进行了引种，其效果很好。

甜龙竹适生地区年均温16℃以上，大于10℃的有效积温在5 500℃以上，极端最低气温－4℃，要求无霜期300天以上，无重霜。年降水量900～2 000毫米，年均相对湿度≥70%。适应各种土壤，其中在赤红壤、红壤上生长最适宜。要求土层厚60厘米以上，土质疏松、肥沃、湿润的壤土、轻壤土最好。成片种植以低山、浅丘、山谷和缓坡地为佳。忌风口和贫瘠山地。

2. 栽培技术

慈竹、龙竹栽培技术基本相似。

3. 高产培育措施

（1）结构合理

每亩栽植33～55丛，每丛留健壮母竹3～5株，年龄结构为1:2:3（年生）=3:1:1或2:1:1。

（2）扒晒和培土

在每年的3～4月扒开竹蔸四周土壤，让笋露出见光，以提高温度，刺激和促进笋芽萌动。当笋芽长到10厘米左右时，距笋30～40厘米处施入腐熟有机肥或化肥或粪水。有机肥每丛施50公斤左右，化肥以复合肥或氮肥最佳，每丛施500～1 000克，粪水30公斤左右。施肥后培土30～40厘米高，以培育大笋大竹。

（3）施　肥

每年进行四次，第一次于扒土后进行；第二、三次于出笋初期和盛期进行，每丛施复合肥1～3公斤；第四次结合冬季深翻林地时进行，每亩施有机肥2～3吨，普钙100～200公斤。

除采用上述常规施肥外，还有一种竹子特有的伐桩内施肥的方法。即在成林中每丛竹子选择2～3个新伐桩，打通竹节隔，每一伐桩灌入尿素200～300克、食盐20～30克，然后用湿土封口。此种施肥方法其肥效期可达1～2年。此法与土壤施肥有同样效果，并且具有省工省料、成本低、防止肥料流失、肥效期长以及能促进伐桩腐烂等优点。

（4）护笋养竹

甜竹的出笋期可分为3个时期，即出笋的前期、盛期、末期。前期和盛期即6～9月出土的竹笋，笋体肥大粗壮，生长旺盛，而末期即9月以后出土的笋，笋体弱小，绝大部分都将萎缩败退。因此，要科学地留笋养竹，对前期笋应全部挖除鲜售，以提高经济效益；选择8～9月盛期出土的大笋养成母竹，而末期笋虽弱小，亦要适时挖掘加以利用。

（5）挖除老残竹蔸

每2～3年一次于冬季挖除老残竹蔸，并结合挖蔸扩丛整地培土，重施有机肥，保持竹林生长旺盛。

4. 主要用途及价值

甜龙竹其竹材力学性能良好，与龙竹相似，是制作竹地板、家具、农具、生活用品等工农业产品的优质原料。但甜龙竹更主要的用作培养笋用林，其竹笋的含糖量和谷氨酸含量很高，并含丰富的矿质营养和维生素。竹笋味道鲜嫩、营养价值很高，市场对其产品供不应求。如能按高产技术要求认真施工管理经营，栽培后第四、第五年就可进入高产稳产期，每年每亩将可获得2 000元左右的经济收入。

四、灰金竹

灰金竹，别名金竹、粉金竹，是一中型散生竹种。灰金竹在云南分布较广，经济价值较高，已有两百多年的栽培历史。可在山区、半山区因地制宜规模化发展，以满足社会各方面的需求。

1. 形态特征

灰金竹地下茎单轴散生，具横走的竹鞭，鞭径1~2.5厘米，节间长2~4厘米，圆形或扁圆形，近实心，节上有主根10~15米，须根发达，每节侧生一芽，有芽一侧有沟槽。竹秆通直，梢部微弯曲，高9~12米，胸径2~10厘米；竹壁厚，胸高处0.6~1厘米；基部节间短，长5~8厘米，中部节间长35厘米左右，节间圆筒形；枝下各节无芽，秆箨隆起；幼秆深绿色，有白粉，老秆暗绿色。分枝高，竹秆每节着生枝条2枝，一枝大而长，一枝小而短，斜出平展；小枝上端着生叶2~4枚、叶小披针形，叶长6~13厘米、宽0.9~1.7厘米，叶片一缘有细锯齿、无毛、无小横脉；笋期4~6月。

2. 地理分布及林学特性

灰金竹在云南除干热河谷及滇西北高寒地区外都有栽培，其中以昆明、石屏、西畴、文山、宜良、玉溪、寻甸、彝良、保山、腾冲较常见。在海拔1 500~2 000米空气湿润、土壤肥沃的山区、半山区和平坝都适宜生长。同时，对于寒冷的气候条件都有较强的适应能力，能忍耐-12℃低温。

灰金竹的竹鞭分布在土壤上层，横向起伏生长。竹鞭节上的侧芽，有的抽成新鞭，在土壤中蔓延生长；有的则发育成笋，出土长成新竹，稀疏散生，逐渐发展为成片竹林。竹鞭在抽鞭幼龄时期（1~2年生）鞭短缩细小、无根无芽。3~5年生竹鞭为成熟鞭，为竹鞭的壮龄时期，鞭梢生长快，一年可达2~4米。5年生以后，侧芽长期休眠，逐渐推动萌发能力，进入老龄时期。所以，在竹林培育上，必须选用壮龄竹鞭。

笋芽为壮龄竹鞭上的部分肥大侧芽萌发分化而成。竹笋出土在清明、谷雨之间，一般持续30~40天，即从4月初至6月上旬。初期出土的竹笋数量少、养分充足、退笋率低；盛期出土的竹笋数量多，健壮肥大；末期出土的竹笋少而细弱，养分不足，退笋率高。

从竹笋出土到高生长停止，在这期间芽由上而下萌发抽枝长叶，当枝条长齐，竹叶展放、秆箨全脱，形成新竹，大约需要60~70天。

新竹形成后，竹秆的高度、粗度和体积不再有明显的变化。1、2年生竹为幼龄（壮龄阶段），富有很强的生活力，生理代谢最旺，抽鞭发笋最盛；3、4年生的竹为中龄阶段，竹株进入营养物质积累最多和生理活动旺盛的稳定状态；5年生以后为老龄阶段，竹株生活力逐渐衰退。

3. 培育壮苗

（1）埋鞭育苗

灰金竹的繁殖主要依赖竹鞭上的芽，生长发育成新鞭和新竹。埋鞭育苗是灰金竹育苗的重要方法。埋鞭育苗方法，可在灰金竹林内，选择侧芽饱满、根系健全，2、3年生的竹鞭。挖鞭时不要撕裂竹鞭、损伤鞭芽，多带宿土，防止日光暴晒，竹鞭挖起后，截成50~80厘米长的鞭段，按35厘米左右沟距开沟，然后将鞭段平放于沟内，芽朝向两侧，覆土3~4厘米（一般覆土厚度是鞭段直径的3倍左右），压紧土壤、盖草、浇透水。出苗后加强水肥管理。

此外，在圃地上起苗后，因土内还残留有竹鞭，亦可将鞭挖出，截成20厘米左右长的鞭段，按30厘米左右沟距开沟，依以上方法埋鞭育苗，1~2年生苗即可出圃造林。

（2）带蔸埋秆育苗

选1年生充分木质化的母竹，于春季带蔸和鞭（来鞭长20厘米，去鞭长30厘米）挖起，在梢部粗1厘米处断顶，每节上的枝条留2节，修去所有叶片；垂直于枝条方向在节间砍口，深达竹秆直径的1/2，挖好育苗沟，将母竹首尾交错平放于沟内，砍口向上，枝条朝左右，两竹相距30厘米左右；用50~100ppm生根粉液喷砍口、枝条和竹蔸后立即盖土、覆土厚5~8厘米，踩紧土壤、盖草浇水。出苗后加强水肥管理，1.5~2年可出圃造林。

4. 造林地选择与造林季节

（1）造林地的选择

灰金竹最适宜于山腰、山谷、山麓平地种植。要求酸性、微酸性和中性土壤（pH值4.5~7），以肥沃、湿润的沙质土壤为好。要求年平均温度12~18℃，绝对最低气温-12℃以上，年降雨量700~1 800毫米，年平均相对湿度70%~80%。

（2）造林季节

灰金竹在4~5月发笋，在竹笋出土前一个月，竹鞭侧芽处于即将萌发状态。因此，以2~3月造林效果最好。但在春旱严重地区，灌水困难，往往因干旱造成死亡，所以可在雨季的7~9月进行造林。

5. 造林方法

（1）竹苗移栽

选择根系发达的1~3年生的竹苗，去顶只保留2~3台鲜绿枝叶，每塘栽2~3株，竹蔸带少量宿土（如带土过少，则要用泥土浆根），就地栽植不要包扎，如运距较长，要将根部包扎好，以防失水干燥而影响成活率。

在已整好地的造林地上，按每亩40～60塘的造林密度挖塘，根据苗木的大小，塘的长、宽、深各30～50厘米。将苗植于塘中央，使根系自然舒展，分层填土踏实，浇足定根水，再覆一层松土，覆土厚度比原苗根际高2～4厘米。

（2）移植母竹（移竹造林）

①选择母竹。

1、2年生的竹株所连的竹鞭处于壮龄阶段，抽鞭发笋力强，所以应选1、2年生、生长健壮、无病虫害、分枝较低、胸径3～5厘米的竹株作母竹。4年生以上的竹株，其鞭萌发力差，不宜选作母竹。

②挖掘母竹。

一般灰金竹的最下一台枝条的方向与其竹鞭的走向大致平行。挖掘母竹时，选在距竹子30～40厘米处轻轻挖开土层，找到竹鞭，再沿母竹的来鞭30厘米处、去鞭40厘米处截断，然后沿竹鞭两侧逐渐深挖，掘出母竹，尽量使鞭蔸多带宿土。挖母竹时要注意保护鞭芽，少伤鞭根，不要猛摇竹竿。母竹挖起后，留枝2～3台，砍去竹梢，切口要平滑。

③母竹的运输。

母竹的运输，要防止鞭芽、竹蔸和竹鞭连接处受到损伤。远距离运输母竹时，必须将竹蔸鞭根和宿土一起用草席包好扎紧，运输途中母竹枝条要常喷水，必要时浇水润土。搬运过程中要防止损伤母竹，尽量缩短运输时间。

④母竹的栽植。

对缓坡地要进行全面开垦整地；坡度在20°～30°时，最好采用水平带状整地；在地形破碎的地方，可进行块状整地。在已整好的造林地上，按4米×4米或4米×5米株行距，每亩30～

40 塘的造林密度挖栽植穴，穴长 60 ~ 100 厘米、宽 40 ~ 50 厘米、深 40 ~ 50 厘米。栽植时，穴底先填表土，将基肥与土拌均，一般再垫 1 ~ 2 厘米细土，以避免根系直接与肥料接触，然后将母竹放入穴中央，分层填土、踏实，使竹鞭、根系与土壤紧密接触。有条件时浇定根水。最后再覆一层松土，覆土厚度比原母竹根际高 3 ~ 5 厘米，并在穴周围一土盘。

（3）移蔸造林

移蔸造林或称截秆移鞭，即选择 2 年生健壮的母竹，在母竹基部离地面 15 ~ 30 厘米处截断竹秆，用蔸栽植。其选地、整地、母竹挖掘和栽植方法都与移竹造林相同。移蔸造林运输方便，竹蔸和鞭根不易失水，有利于成活，栽后也容易管理。但由于鞭蔸没有竹竿，发笋和成竹过程的初期得不到光合作用养分的供给，新竹细小，成林较缓慢。

（4）移鞭造林

在资金、劳力及母竹不足的情况下，可采用移植竹鞭造林。即选择侧芽饱满、根系健全，2、3 年生的竹鞭；母鞭一般长 60 ~ 80 厘米。远距离运输竹鞭，应用草席包扎好、保持湿润。栽植穴株行距与移竹造林相同。每穴栽 2 条竹鞭，以保证成活率，栽植时，先在穴内填一层厚约 15 厘米的表土，踏实后，把鞭平放于上面，再覆土压实，覆土略高于地面，覆土厚度 8 厘米左右。移鞭造林同移蔸造林一样，缺少母竹的光合营养成活后新竹较小也较少，成林时间较慢，所以必须加强幼林抚育管理，适当施肥，促进提早成林成材。

6. 抚育管理

（1）幼林抚育管理

新造竹林忌土壤干燥，也忌土壤积水和通气不良。尤其是第一年，如遇干旱，土壤水分不足时，必然会影响其成活率；如果林地排水不良，则土壤空气缺乏，影响竹鞭及根系的呼吸代谢，造成笋芽、鞭梢易腐烂，所以必须加强新造林地的水分管理。如遇上久旱不雨，要适当灌水；对低洼地要注意做好排水工作。第二、第三年，每年要进行全面地松土除草2次，除草松土可安排在5月、9月各进行一次；松土深度3～5厘米，以不损伤竹鞭为宜。有条件的地方可进行林地间种矮秆农作物，以耕代抚，促进幼竹生长。如能对新造的幼竹进行施肥，是促进竹鞭和竹株生长，提早成林的一项重要措施。施肥可在冬季沿竹株环施厩肥、土杂肥，如施速效的尿素、硫酸钙、过磷酸钙等化肥，可在春夏生长季节施用。竹林发笋后，注意及时清除弱笋，保留健壮竹笋。5年即可利用成熟竹株，10年成林成片。

（2）成林抚育管理

成林竹林的抚育主要是护笋养竹。发笋初期和盛期，竹笋粗壮，成竹质量好，应尽量保留；末期出土的竹笋数量少，细弱，可以清除利用。发笋季节，要防止野兽危害，严禁放牧。秋冬时节清理林地，砍老竹、残竹，清除灌木、杂草，均匀地保留一定数量的阔叶树作为伴生树种。在竹林四周，逐年砍去乔灌木，进行垦覆，能使其竹鞭向四周蔓延生长，扩大竹林面积。

灰金竹竹林为异龄林。1～3年生竹留养，4年生竹可以抽伐，5年生以上竹应全部砍伐。进行合理采伐的竹林，经过抚育管理，每亩保持在800株左右，这样，可以每年永续采伐25%～30%的竹子。采伐时应掌握伐老留新，伐密留稀，伐细留粗，伐有病虫害的，留生长健壮的，伐林内的，留林缘的等原则。伐桩要平，留低，最好在秋冬时节采伐，笋期禁止采伐。

竹林经长期采伐后，老残竹桩甚多、竹鞭跳鞭裸露，影响蔓延生长，发笋率逐年下降。因此，应挖除老残竹桩，疏松垦复林地，壅鞭培土，复壮更新，恢复提高产量。

7. 主要病虫害及防治

灰金竹常见的病虫害有蚜虫、竹介壳虫、煤病、竹竿锈病等。

蚜虫、竹介壳虫、煤病，危害情况和防治方法同慈竹。

竹竿锈病：多发生在竹竿中下部，产生黄褐色粉质的垫状物，成椭圆形或长条形。随后产生橙褐色如天鹅绒状、着生紧密、不易分离、呈革质的垫状物。黄褐色的垫状物脱落后，发病部位呈黑褐色，发脆，影响工艺价值。

防治方法：

①砍除病竹，烧毁病部。

②用波美0.5~1度的石硫合剂，或0.4%~0.8%的氨基苯磷酸喷射，每周一次，连喷3次。

8. **主要用途**

灰金竹壁厚，质坚韧，耐腐抗虫蛀，纤维细长，为优良篾帮和弓架用竹，还广泛用于编制家具、农具和精致工艺品，同时也是三板工业、竹索、竹缆、人造丝的优良原料。竹笋鲜美，可以食用。

五、毛 竹

毛竹别名楠竹、南竹、江南竹，为一大型散生竹种。毛竹适应性强，生长快，产量高，材质好，用途广，是我国经济价值最大的竹种，占全国竹林总面积的70%左右。

大力发展毛竹生产，是山区人民脱贫致富的有效手段，也是加快绿化步伐，加速发展高效林业的最好途径之一。

1. **形态特征**

毛竹的地下茎属单轴型，具粗壮横走的竹鞭。竹竿散生直立，竿高6~20米，胸径6~15厘米；一般节间长10~25厘米，最长节间可达45厘米，无枝节间圆筒形，着枝一侧节间有沟槽，竿环突出，全竿各节的箨环均隆起；分枝高，每节主枝2枚，一大一小，斜出，每小枝着生叶2~4片，叶披针形，长5~10厘米，宽0.5～1.2厘米；4～5月开花，8～9月种子成熟；果针状，长0.6～1.0厘米，径0.15～0.2厘米，顶端具芒。种子如同小麦。

2. **地理分布和林学特性**

毛竹是我国竹类植物中分布最广的竹种，东起台湾，西至云南东北部，南自广东和广西中部，北至安徽及河南南部，相当于北纬24°～32°，东经102°～122°，包括17个省市区。其中浙江、江西、湖南和福建是其分布中心。垂直分布从海拔几米到1 400米，总的趋势，南方高而北方低，西部高而东部低，群山地区高而孤山地区低，但面积大、生长好的毛竹一般都分布在海拔800米以下的丘陵山地。毛竹在云南的昭通、威信、彝良、盐津等县（市）有天然分布，垂直分布于海拔1 500米以下地段；近年来，昆明、安宁、曲靖、腾冲、龙陵、西盟、个旧等县（市）进行了引种，生长良好，垂直分布高度可达海拔2 100米。

毛竹要求温暖湿润的气候条件。在毛竹的分布范围内，年平均气温14～20℃，1月平均气温1～8℃，极端最低气温-15℃左右，年降水量800～1 800毫米，年蒸发量1 200～2 000毫米。从我国很多省区多年来引种毛竹的情况看，水分条件对毛竹分布和生长的影响远大于温度条件，其耐寒性远大于抗旱能力。

毛竹既需要充裕的水湿条件，又不耐积水淹没，对土壤条件的要求较高，在分布区以砂岩、页岩、石英岩、花岗岩等为母岩发育而成的厚层酸性土壤上有大面积的毛竹林分布，而且生长良好，过于干燥的沙荒石砾地、盐碱土或低洼积水的地方，都没有毛竹生长。

毛竹竹鞭的生长靠鞭梢（又称鞭笋），在疏松肥沃湿润的土壤中，一年间成年竹的鞭梢能钻行生长达4～5米，长成的竹鞭芽肥根多，有利于出大笋、长大竹；在干燥瘠薄或杂灌丛生的地方，鞭梢生长慢，芽瘠根少，抽笋长出的竹子矮小细弱。竹鞭寿命可达10年以上，1～2年生为幼龄阶段，3～6年生为壮龄阶段。竹林中的幼壮竹株绝大部分着生在壮龄竹鞭上。随鞭龄的增加，侧芽在长期休眠之后，逐渐失去萌发能力，出笋减少退笋增多。

在秋季，竹鞭上的部分侧芽萌发分化为笋芽，笋芽进一步分化到了冬季成为冬笋；次年春季温度回升，冬笋继续生长出土，4～5月出土形成春笋，从竹笋到幼竹一般需25天左右，遵循慢——快——慢的生长规律进行。当高生长逐渐下降直至停止时，幼竹开始抽枝发叶，抽枝自下而上逐渐展开，发叶则由每小枝顶端先长出，从抽枝到叶长出约需20天。

新竹形成后，竹株的高、粗和体积不再发生明显变化，但其干物质含量只占成竹的40%左右，60%需靠以后的生长发育来完成。毛竹每两年换叶一次，每换叶一次，竹株年龄增加1度（两年为1度）。1～2度竹处于幼壮龄阶段，生理代谢旺盛，抽鞭发笋力强，竹材干物质增加快；3～4度竹处于成熟阶段，是采伐利用的最佳时期；5度以上竹进入衰老时期，不宜留养。

毛竹林有大小年的现象，大体上像管理一般的林地，毛竹林大小年现象比较明显。大年大量发笋长竹，小年主要是换叶生鞭，交替进行，每两年为一周期。而在集约经营的林地，这种现象则不明显。

3. 培育壮苗

参照慈竹和灰金竹的育苗。

4. 选　地

在滇中地区宜选择海拔2100米以下的山谷和河流两岸，坡度小于15°的半阴坡、阴坡缓坡地，土层厚度大于50厘米。年均气温13℃以上，极端最低气温大于－12℃，冬春干旱不太明显的地段。

5. 整　地

在冬季对造林地进行全垦整地，并按设计的栽植密度挖定植穴，穴的规格栽大母竹为100厘米×（60～80）厘米×60厘米，栽竹苗为60厘米×60厘米×50厘米，要求表土和心土分开堆放，拣净石块和较大的植物根系。在坡度较大时，应进行带状整地，一般带宽1.5～2米。

6. 栽　植

（1）密度和苗木规格

移母竹造林，每亩22～42株，株行距4米×4米～5米×6米。母竹应选择1～2年生、胸径3～6厘米，分枝较低，枝叶茂盛，无病虫害的健壮植株。挖取母竹时要求竹鞭的来鞭长20～30厘米，去鞭长30～40厘米，具有5个以上健壮侧芽。竹苗造林，每亩42～74丛，株行距3米×3米～4米×4米。一年生实生苗要求每丛4～6株，高50厘米以上，地径0.3厘米以上；一年生无性繁殖苗要求每丛3～5株，高60厘米以上，地径0.4厘米以上；2～3年生实生苗或无性繁殖苗要求每丛2～3株，高80厘米以上，地径0.6厘米以上，带竹鞭15厘米左右；3～4年生苗（小母竹）每穴栽1～2株，高100厘米左右，地径1厘米以上，带竹鞭长20厘米左右。鞭蔸应进行浆根。

无论母竹还是竹苗，均要求断顶，只保留2～3片鲜绿枝叶，鞭蔸要浆根，运输时要包扎好，注意保湿保鲜。

（2）栽植季节

在较温暖又有灌溉条件的地区，于1～3月栽植，4～5月即能大量发笋，当年基本成林。对无灌溉条件的地区，只能在雨季刚来临时的5～6月栽种，具有丛生性的竹苗当年还可以发笋，而小母竹和大母竹则只生长竹鞭不能发笋，待次年春季才能发笋成林。

（3）栽植技术

栽植前一个月进行种植穴回填土，并且每穴施腐熟有机肥5～10公斤和0.3～0.5公斤复合肥，同时将肥料与土壤充分拌均。

栽植母竹时，将母竹置于穴中央，竹鞭走向顺穴的长边方向，使鞭根自然舒展，竹蔸下部与垫土密接，上部略低于地面，分层填土分层踏实，浇足定根水，复土培成馒头形，植穴周围作一土盘。

植苗时，将苗放于穴中央，舒展根系，先填表土踏实，再回填土至满穴，再踏实，浇足定根水，最后盖上一层松土呈馒头状，穴周围作一土盘。

7. 幼林抚育管理

（1）封山育竹

造竹后前3年内，要严禁放牧、割草等人畜危害，严防森林火灾和病虫害。

（2）林农间作

造竹后1～3年内，可在行间种植矮秆农作物，如豆类、花生、绿肥等。间种的目的主要是以耕代抚，故中耕时不能损伤竹鞭和鞭芽。农作物收获后秸秆可铺于林地或翻埋于土中培肥。

（3）松土除草

对未进行间种农作物的新造竹林地，容易滋生杂草，要适时松土除草。松土除草每年进行1～2次，宜在5～6月、9～10月进行。在经全面整地的幼林地上，松土深度15～20厘米，并将杂草翻埋入土中。带状或块状整地的幼林地，松土深度30厘米左右，并在母竹周围逐年松土扩穴。

（4）施肥灌溉

施肥是加速成林成材的有效措施。在栽竹后的4～5年内，有条件的地方，可于每年的2～3月施一次以氮肥为主的催笋肥，

8~9月施一次以复合肥为主的长鞭和孕笋肥。每两年冬季施一次有机肥。毛竹发笋主要在3~5月，在较干旱地区，有条件时应进行灌溉，以使新造幼林尽快成林丰产。

8. **主要用途**

毛竹竹材韧性强，篾性好，纹理通直，坚硬光滑，可以劈篾，制作各种工具、农具、文具、家具、乐器以及工艺美术品和日常生活用品。竹材纤维含量高，是造纸工业的好原料。3吨左右的竹材可制1吨纸浆，4吨左右的竹材可制1吨人造丝浆粕。除竹材之外，毛竹的鞭、根、蔸、枝、箨等都可以加工成各种各样的工艺品，有的产品已成为我国的传统出口商品，具有很高的经济价值。

毛竹的笋味鲜美，除用作鲜食外，还可以加工成笋干、笋丝、清水笋、软包装保鲜笋、油焖笋等。著名的玉兰片即是毛竹笋加工制成的。

（陈舒怀）

嫁接、修剪、整形技术图例

一、嫁接修剪工具

1. 嫁接刀的种类　　2. 修剪工具

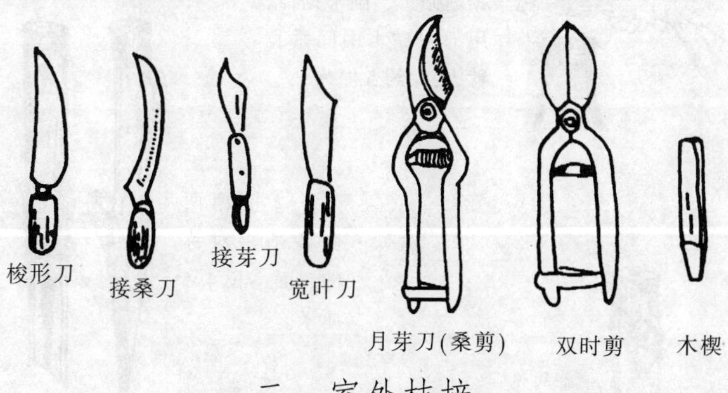

二、室外枝接

1. 贴　接

适于砧木不离皮时使用。

①将接穗削成长 5~6 厘米平滑斜削面，斜度先急后缓。

②于砧木基部10厘米左右选光滑处剪断然后于砧木一侧，按接穗削面大小斜度削一斜削面。

③将砧木与接穗削面贴合，使形成层对齐。

④接穗露白 1 厘米左右，用塑料条绑缚严紧。

2. 劈　接

适于年龄较大，苗干较粗的砧木，是过去应用最为普遍的嫁接方法。

①选用 2~4 年生直径 3 厘米以上的砧木，于地面 10 厘米处锯断砧干，削平锯口，用刀在砧木中间垂直劈入，深约 5 厘米。

②接穗两侧各削一对称的斜面，长 4~5 厘米。

③迅速将接穗削面插入砧木劈口中，使接穗削面露出少许，并使砧、穗两者形成紧密对合。

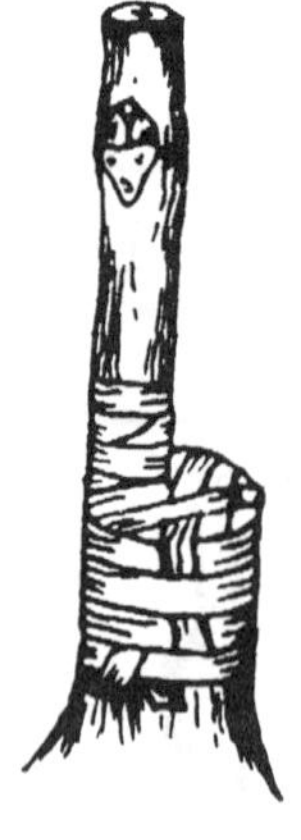

④对接穗较砧木细，应使一侧形成层对齐，然后用塑料条绑严，保持接口湿度，以利愈合。

3. 插皮舌接

此法由于需要将皮层与木质部分离，故应在皮层容易剥离、伤流较少时进行。注意接前不要灌水和接前3～5天预先锯断砧木放水，以避免伤流液过多影响嫁接成活率。此法既可用于苗木嫁接，也可用于大树高接。

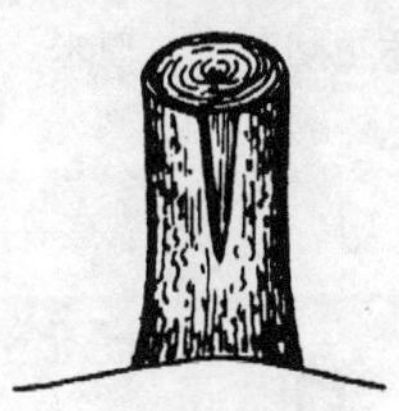

①选适当位置锯断（或剪去)砧木树干,削平锯口,然后选砧木光滑处由上至下削去老皮,长5~7厘米，宽1厘米左右,露出皮层。

②蜡封接穗则削成长6~8厘米的大削面(注意刀口开始就要向下切凹,并超过髓心,然后斜削,保证整个斜面较薄),用手指捏开削面背后皮层,使之与木质部分离。

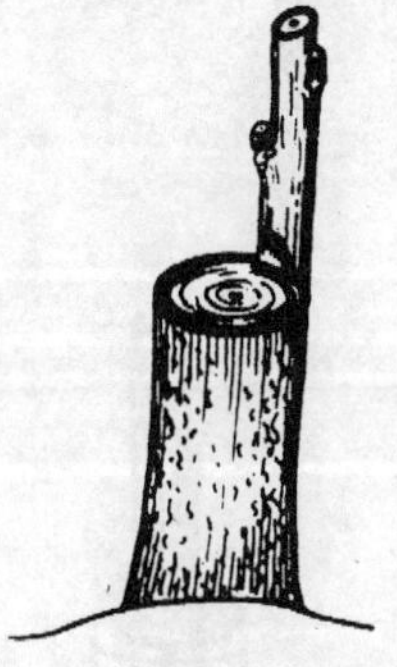

③将接穗的木质部插入砧木削面的木质部与皮层之间,使接穗的皮层盖在砧木皮层的削面上。

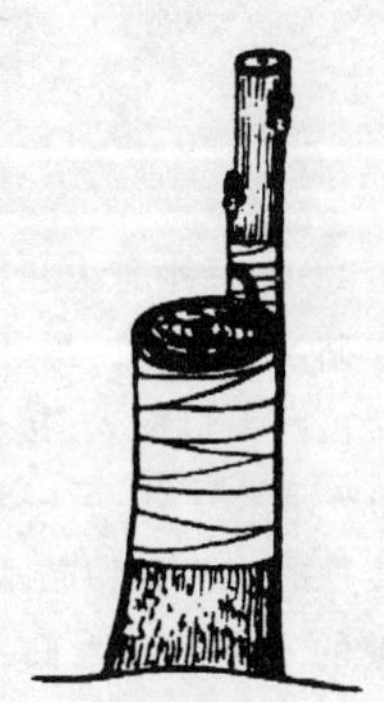

④用塑料条绑紧接口。

4. 插皮接

又叫皮下接。

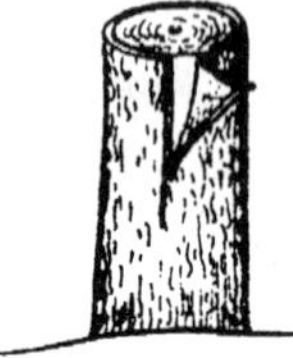

①剪断或锯断砧干，削平锯口，在砧木光滑处，由上向下垂直划一刀，深达木质部，长约1.5厘米，顺刀口用刀尖向左右挑开皮层。如接穗太粗，不易插入，也可在砧木上切一个3厘米左右上宽下窄的三角形切口。

②接穗的削法是，先将侧削成一个大削面(开始先向下切，并超过中心髓部，然后斜削)，长6~8厘米；其另一侧的削法有两种：一种是在两侧轻轻削去皮层（从大削面背面往下0.5~1厘米处开始)；另一种是从大削面背面0.5~1厘米处往下的皮全部切除，露出木质部。

③前一种削法在插接穗时要在砧木上纵切，深达木质部，将接穗顺刀口插入，接穗内侧露白0.7厘米左右；后一种削法在插接穗时不需纵切砧木，直接将接穗的木质部插入砧木的皮层与木质部之间，使二者的皮部相接，然后用塑料布包扎好。

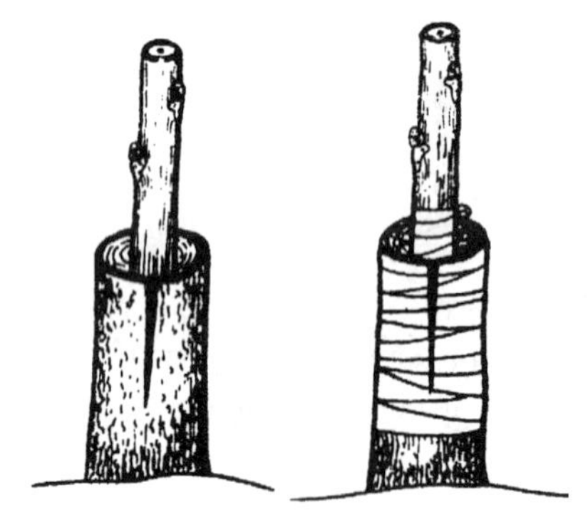

5. 腹　接

又称一刀半腹接法。

①选用粗度不小于 2~3 厘米的砧木，在距地面 20~30 厘米处与砧木呈 20°~30°角向下斜切 5~6 厘米长的切口(不超过髓心)。

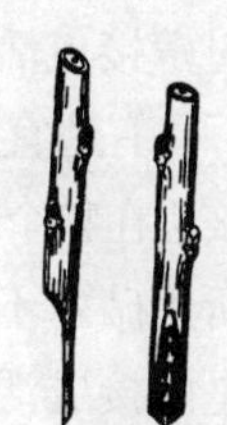

②接穗一侧削 5~6 厘米长的大削面，背面削 3~4 厘米长的小削面。

③用手轻掰砧木上部，使切口张开，将接穗大斜面朝里插入切口，对准形成层，放手后即可夹紧，在接口以上 5 厘米处剪断砧木，用塑料条包严扎紧。

6. 切　接

苗圃中常用的一种嫁接方法。

①剪断砧木后从断面的一侧在皮层内略带木质部垂直劈入，使切口长度与接穗削面长度一致。

②接穗的削法是先在一侧削一斜面，长 6~8 厘米，再在另一侧削一长 1 厘米左右的小斜面。

③将大斜面朝里插入砧木劈口，对准形成层，然后用塑料条包严扎紧。

三、室内枝接

室内枝接是利用出圃的实生苗作砧木，在室内进行嫁接的方法。此法能有效地避免伤流液对嫁接成活的不良影响，并可人为地创造宜于砧穗结合的有利条件，具有适宜嫁接期长、可实行机械化操作、成活率高且稳定等优点。该法在整个休眠期都可进行，但以3~4月份为最适期。室内嫁接因所用砧木不同，可分为苗砧嫁接和子苗砧嫁接两种。苗砧嫁接优点是嫁接成活率高，尤其适用于室外嫁接较难成活的地区。但工序较复杂，育苗成本高，技术环节较难掌握，且需一定设备条件。嫁接方法多为舌接法。

1. 舌接法

砧木用1~2年生实生苗（1年生苗为好），根颈部直径1~2厘米，秋季出圃假植，随用随取。3月份以前嫁接，于嫁接前10~15天，要对砧木和冷藏的接穗进行“催醒”（时间3~5天，温度26~28℃）。嫁接前将砧木根系稍加修剪，去掉劈裂和过长的根，于根颈以上8厘米处剪断砧干。

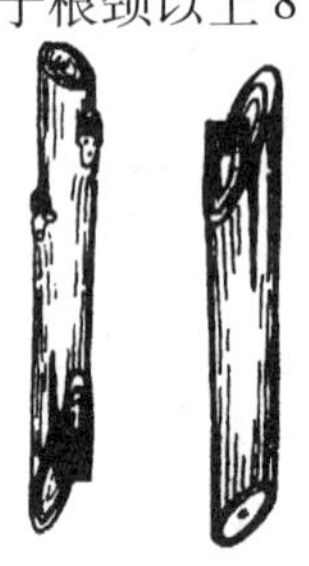

①选与砧木粗细相当的接穗剪成12~14厘米长的小段(1~2个芽)。将砧、穗各削成3~5厘米长的光滑斜面，在削面由下往上1/3处用芽接刀开一接舌，深达2~3厘米。

②砧、穗削好后要立即插合，使各自的舌片插入对方的切口，双方削面紧密镶嵌。

③用塑料条绑紧，然后将接穗顶部进行蜡封，最后将接好的苗子成排斜放(35°~45°)在温床中进行愈合。

2. 双舌接

双舌接最大优点是可以在温室中创造适宜嫁接的条件，使砧穗间容易愈合，提高嫁接成活率。但室内嫁接育苗成本高，条件要求严格。嫁接用砧木于落叶前挖起假植在工作室附近。接穗于落叶前剪取，贮藏于窖中或埋于湿土中，嫁接前 15 天对接穗和砧木进行“催眠”，即将接穗和砧木埋入贮藏箱的湿锯末内，温度控制在 26～28℃，2～3 天即可，时间不可太长，以防发芽。

①嫁接时选相同粗度的接穗和砧木，在砧木距根颈 4~5 厘米处剪断，将接穗和砧木削成相等的斜面，长度 3~4 厘米，表面平滑。

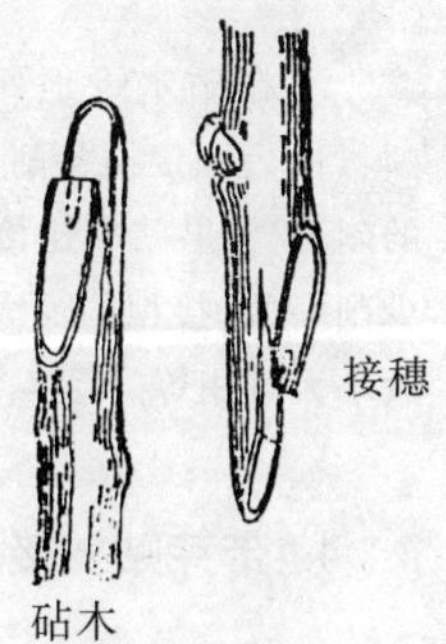

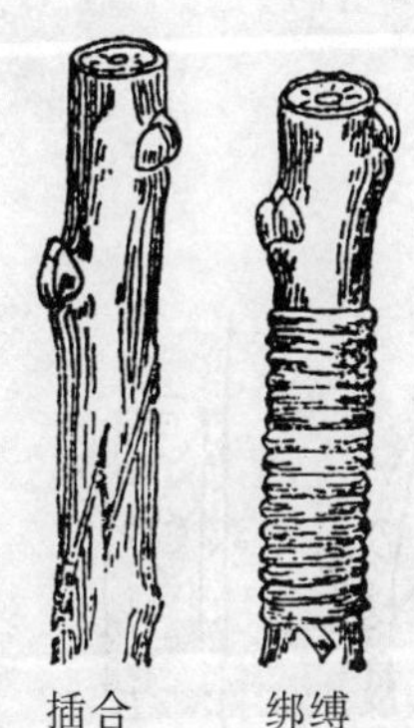

②在双方削面顶部 1/3 处劈开，将砧木和接穗各自的短舌插入对方切口，使结合紧密，用塑料条绑缚嫁接后即放入贮藏箱内，用湿木屑填充覆盖。在 26~28℃的温度条件下，经 10~15 天愈伤组织即可形成。春季栽植前，先将贮藏箱搬到露地，经过 10 天左右的适应，即可移植。栽前根系应蘸泥浆，栽植时使接口与地面相平，栽后每株覆土 7~10 厘米，以利保墒。室内嫁接成活率可达 90%以上。

3. 合接法

合接法是将砧木和接穗伤口合在一起的嫁接方法。合接法适用于苗圃或幼树的嫁接，这种方法与切接相比，更为简单，容易掌握，且成活率高。

①在砧木近地面处的适当部位截断，而后和接穗各削一个大小基本相等的斜面(如果砧木比接穗粗,则砧木可以少削一些,接穗削面大一些,以达到伤口大小大致相等)。

②然后将双方伤口合在一起,用塑料条捆绑起来。由于采用蜡封接穗,只需要将伤口捆严扎紧,不必埋土。

4. 带芽贴枝接

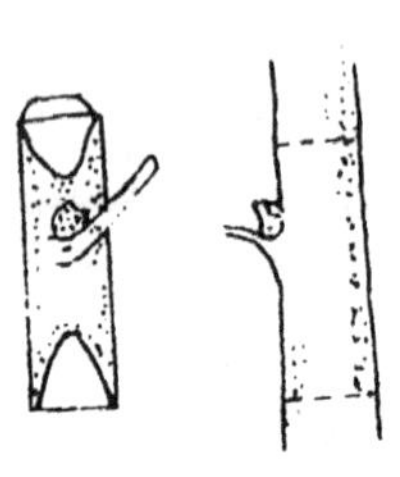

取带芽枝

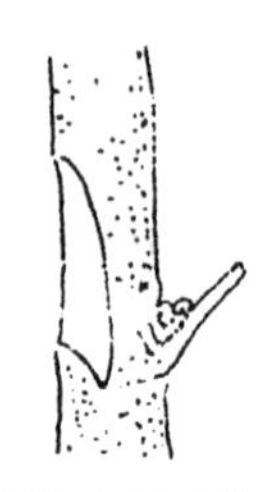

削砧木接口并取下砧木芽片

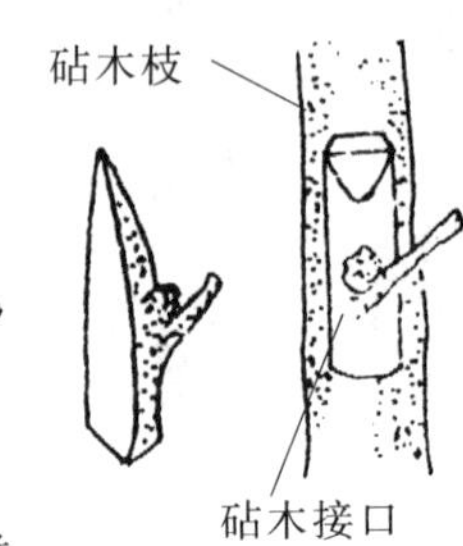

砧接枝

绑扎

①用带芽的枝段，长 2~3 厘米，在芽的背面带木质部深削一刀，正面下部斜削一刀。

②在砧木上的光滑面削一同样大小深浅的削面。削去的部分基部留 0.5 厘米长以便插接穗。

③将削好的接穗插于削口上，削面对好，用塑料布包芽或露芽扎紧即可。

四、芽　接

芽接方法较多，根据芽片或切口的形状，可分为方块形芽接、环状芽接、“工”字形芽接等方法。但无论哪种方法，芽片均应取自当年生长健壮的发育枝的中下部，以中等大的芽为最好，砧木以2~3年生经平茬后的当年生枝最为理想，要选在砧木中下部平直光滑、节间稍长的部位嫁接。

1. 方块形芽接

成活率较高，各地应用较多。要求芽片长度不小于4厘米，宽度2~3厘米，芽内维管束（护芽肉）保持完好。

①先在砧木上切一方块，将树皮挑起，再按回原处，以防切口干燥。

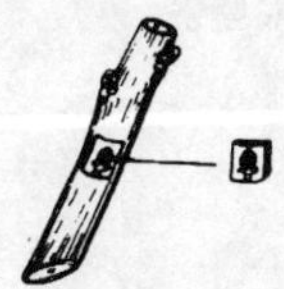

②在接穗上取下与砧木方块大小相同的方形芽。

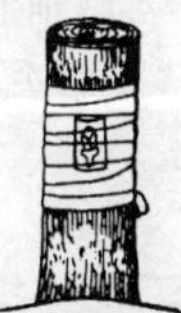

③迅速将接穗的方形芽镶入砧木切口，使芽片切口与砧木切口密接，然后绑紧即可。

2. “T”字形芽接

①先将芽片切成盾形，长3~5厘米，上宽1.5厘米。

②砧木以1~2年生为宜，在距地面10~20厘米处选光滑部位切一“T”字形的口，横向比接芽略宽，深达木质部，长度与芽片相当，切开后用刀挑开皮层。

③将接芽迅速插入，务使芽、砧紧密相贴，上切口形成层要对齐。

④自上而下用塑料条绑严。

3. 舌状芽接

①先用刀在砧木一侧削成长 4~5 厘米的舌状切口，深达木质部，再将削起的树皮上半部切去，保留下半部。

②在接穗上按同样长度，削取一舌状芽片，可稍带木质部，但不宜太厚。

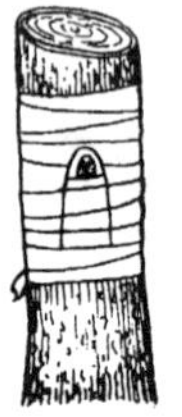

③芽片削好后，迅速插入砧木切口的树皮下，使两者的形成层对齐，然后绑严即可。

4. 环状芽接

①在接穗上选好接芽后，先在芽上 1 厘米和芽下 5~2 厘米处各环切一周，深达木质部，然后在背面纵切一刀，取下环状芽片。

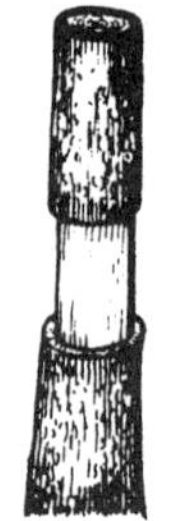

②再于砧木适当高度光滑处，环割取下与芽片相同大小的筒状树皮。

③将芽片迅速镶嵌于砧木切口内，然后绑严。

④要特别注意勿使芽环左右移动。

5. "工"字形芽接

①将接芽上下各环切一刀，深达木质部，长 3~4 厘米，宽 1.5~2.5 厘米，取下芽片。

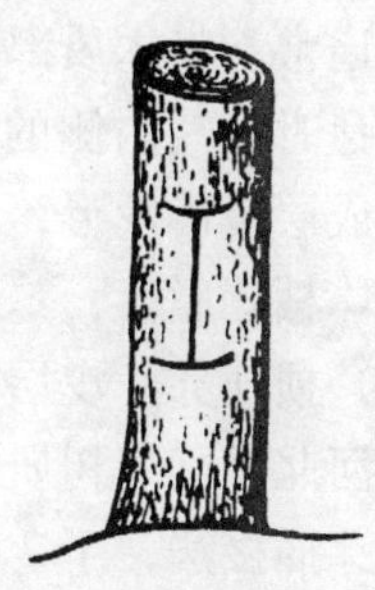

②再从接穗背面 0.3~0.5 厘米宽的树皮作为尺子在砧木适当部位量取同样长度，上下各切一刀，宽度达干周的 2/3 左右。

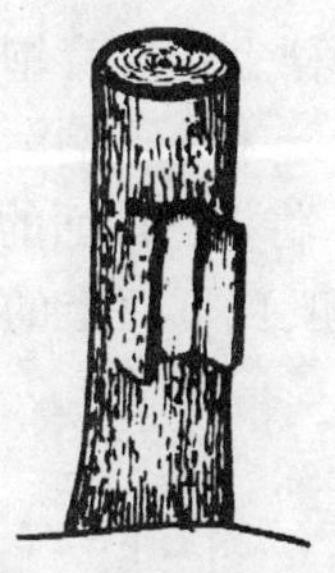

③从中间竖着撕去 0.3~0.5 厘米宽的皮层，剥开砧皮。

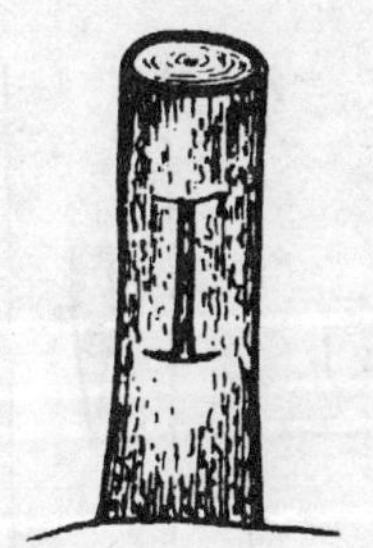

④将芽片四周剥离(仅剩维管束相连) 用拇指按住接芽侧面向左推下芽片(带一块护芽肉)，将芽片嵌入砧木切口中。

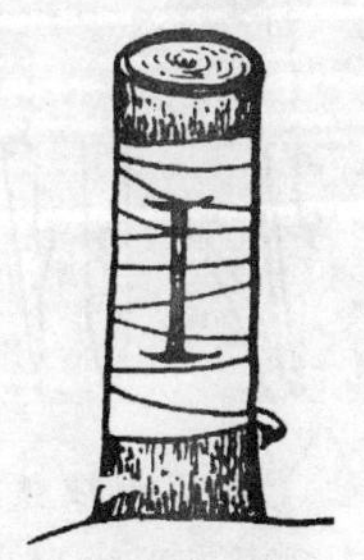

⑤用塑料条自上而下包扎严实。

6. 带木质部芽接

通常不带木质部的普通芽接法嫁接成活率不高，其原因，一是削芽时芽片内侧的“护眼肉”易于剥落，芽基凹陷过深，加上形成层呈齿轮形，接后难与砧木贴合，因而常常出现芽片成活而芽体枯死脱落；二是有的树种的芽片薄而柔软，接时常因操作不慎，损伤芽片皮层而影响成活，如板栗。

河北昌黎果树研究所将原削芽法改为春季（4 月中旬）带木质削芽插接法，于 2～3 年幼树上进行多枝多头芽接式 2 年生幼苗圃内嫁接，成活率达 93.1% 以上。另外，在夏秋季进行带木质削插接试验，成活率也达到了 91.8%。

取粗 0.5～1 厘米的发育枝作接穗，于接穗上选发育饱满的一侧芽，削成长 2.5～3.5 厘米、芽上端厚 3 毫米、下端渐薄而尖的盾状形接芽。削芽操作同插皮的削穗法，将接穗削面的背后接芽连木质部一齐剪下，但刀口不得采取一般自下而上的削芽法，此法易使芽的木质碎裂，影响成活。

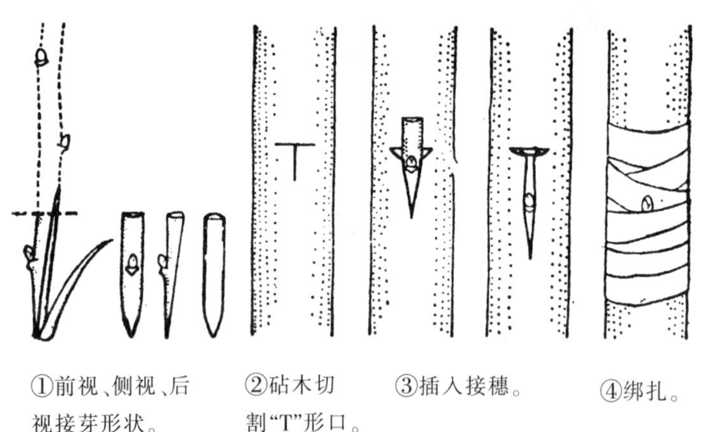

①前视、侧视、后视接芽形状。 ②砧木切割“T”形口。 ③插入接穗。 ④绑扎。

五、嫁接后管理

1. 检查和补接

春季进行枝、芽嫁接一个月以后,应全面检查嫁接成活情况。一般可从接芽和穗条的新鲜程度来观察。凡是接芽干穗芽明显干皱的,说明嫁接未成活应该补接。凡是接芽新鲜膨大,叶柄已经自行脱落的,说明已经成活。

2. 抹除萌蘖

为了保证砧木树体内营养物质的经济利用,为接穗的生长创造良好的日照条件,应及时用手或剪刀将砧桩上的一切萌芽或萌条抹除或翦除。避免因萌芽或萌条的生长造成嫁接新梢因营养和水分供应不良而死亡。除萌要做到除早、除了。降早即在萌芽刚出现时就及时抹去;除了,就是将萌芽和萌条除尽,一个不留。由于砧木营养比较充足,萌条一般发生得快而多,因此,在春分或清明节令以后的两个月之内,每隔 5~10 天就要除萌一次。

除 芽

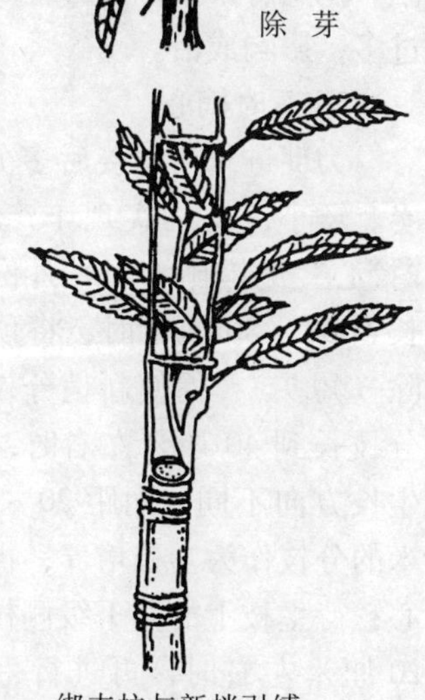

绑支柱与新梢引缚

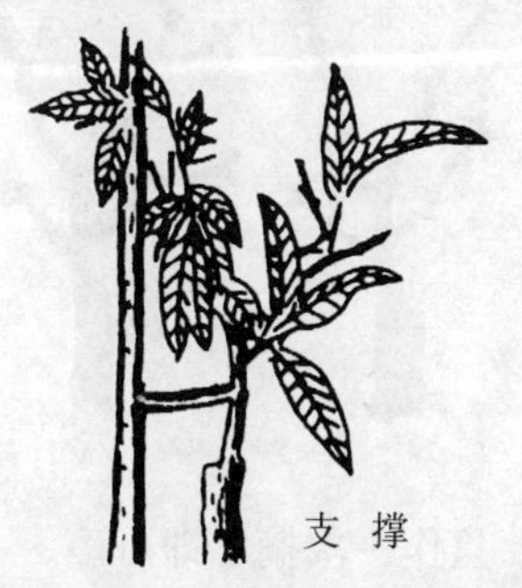

支 撑

3. 固定新梢

嫁接成活后的板栗新梢生长很快，叶片多而且大，容易折断或从接口处撕裂。为了防止新梢在生长过程中被风吹折或受到意外伤害，当其生长在30厘米左右时，要及时设立防风支柱。将新梢小心地缚在支柱上，注意不能缚得太紧，以免影响新梢的生长。支柱选用长1米、直径3厘米左右的木棍，将下端牢固的插入地下或绑扎在砧木上，然后用细绳将新梢固定即可。

4. 解除绑扎物

在嫁接后40～50天雨季到来之前，要解除嫁接时使用的全部绑扎物。一方面防止在雨季来临时接口处因积水造成霉烂；另一方面防止枝条在生长过程中因绑扎物而缢细。使用塑料薄膜或麻绳等不易腐烂的材料作包扎物时，在新梢生长到一定高度和粗度时，尤其要注意及时清除。否则会限制愈伤组织的增生，影响新梢生长，接口部位也容易遭受病虫的浸染危害。松绑过早，砧、穗愈合不紧，接穗易被碰折，还会造成砧、穗伤口水分蒸发过多，影响成活。

5. 适时摘心

为促进果树嫁接后多分枝，较早形成树冠，使树体生长紧凑、矮小，及早实现丰产，必须控制新梢生长，对新梢采取“摘心”的措施。当5月份新梢长到60～80厘米时，将顶端摘除（短头），促使新梢分枝；等分枝长到40厘米左右时，选择生长方向不同、间距20～40厘米的分枝作为主枝培养，再行摘心；待主枝上的第1级侧枝长到20厘米左右时，再进行一次摘心（全面摘心）。若新梢生长缓慢，只作一次摘心即可。

摘 心

六、整　形

1. 自然开心形

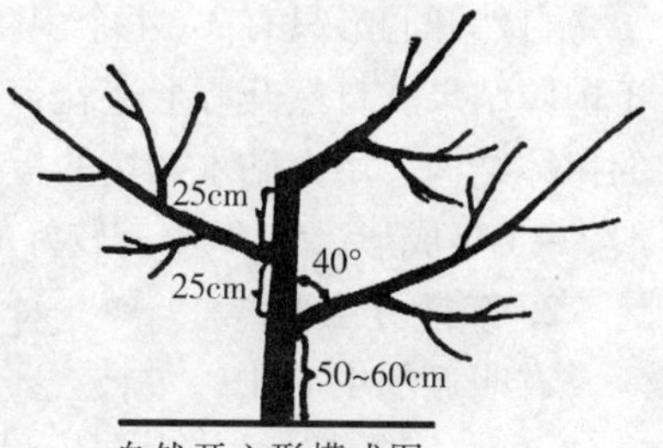

自然开心形模式图

一般有2～4个主枝，无中心领导干。其特点是成形快，结果早，整形容易，便于掌握。适于立地条件较差和树姿开张的早实品种。自然开心形宜用于开张性树姿的品种，栽培于瘠薄山地而树姿不易向上直立伸展时亦可采用。

①一年生苗在横线处修剪。

②第一年发枝之状(冬季横线处修剪,其后各年同)。

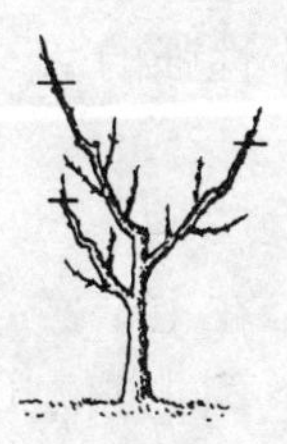
③第二年发枝之状。

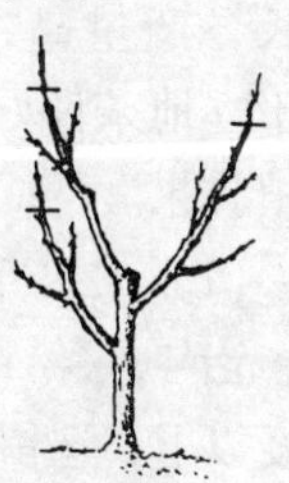
④第三年发枝之状。

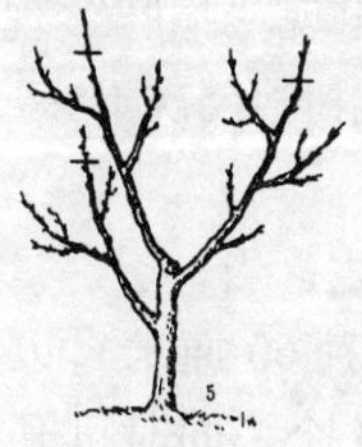

⑤第四年发枝之状

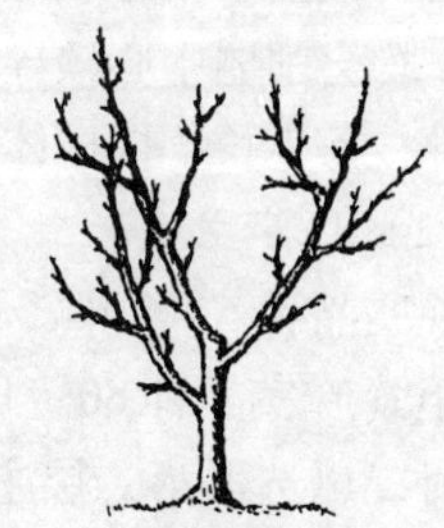
⑥第五年发枝之状

自然开心形整枝过程

自然开心形只有3～4个斜生的主枝，树冠比较开张，有利于内膛结果。自然开心形造就容易，管理方便，是一种比较丰产的树体结构。用大砧木嫁接的板栗，成形更速。栽种的栗苗，一般3～4年成形，5～6年有较好的树冠。

2. 疏散分层形

有明显的中心干，主枝5～7个，分2～3层着生在中心主干上，形成后树冠呈半圆形，通风透气良好，寿命长，产量高，负载量大。适于立地条件好和干性强的稀植林果。

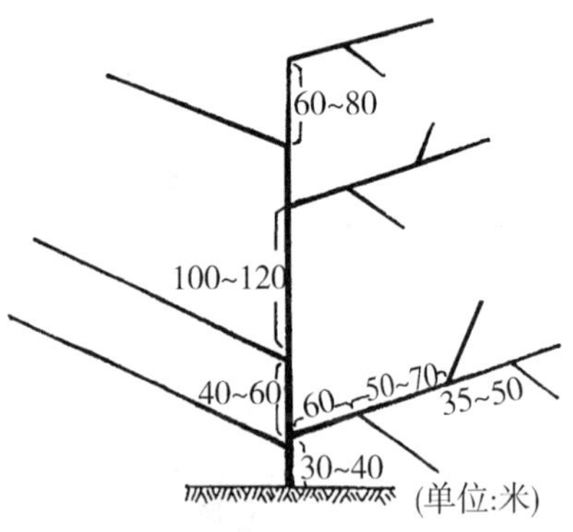

疏散分层形模式图

（1）定　干

当年或第二年，在主干高度以上，选留三个不同方位（水平夹角约120°），生长健壮的枝，作为第一层主枝，发枝多的可一次性选留；生长势差，发枝少的，可分两年选留。层内主枝间距不少于20厘米，主枝开张角度以60°左右为宜。在树冠顶部选垂直向上的壮枝作中心枝。要注意选留的最上一个主枝距中心枝顶部过近或第一层主枝的层内距过小，均会削弱中心领导干的生长，甚至出现“掐脖”现象，影响上部枝条生长，使树体不平衡，甚至造成树冠层次不够。

（2）培养主枝

晚实品种5～6年，早实品种4～5年生，当一层、二层主枝层间距（晚实品种80～100厘米，早实品种60厘米）以上已有壮枝时，可选留第二层主枝，一般为2～3个。同时可开始在第一层主枝上选留侧枝，第一侧枝基部的长度，晚实品种80～100厘米，早实品种60厘米左右。同级侧枝要在同一旋转方向上选留，以免交叉、重叠。

（3）形成骨架

晚实品种 6 ~7 年生，早实品种 5 ~6 年生时，继续培养第一层主、侧枝和选留第二层主枝的侧枝以及第三层主枝，第三层主枝一般为 1 ~2 个。第二层和第三层主枝的层间距，晚实品种为 2 米左右，早实品种 1.5 米左右。如果只留两层主枝，第一层主枝和第二层主枝的层间距应加大，使之与留三层主枝的二层、三层主枝间距相同。选留定主枝后，在最上一个主枝上方落头开心。至此，疏散分层形骨架基本形成。

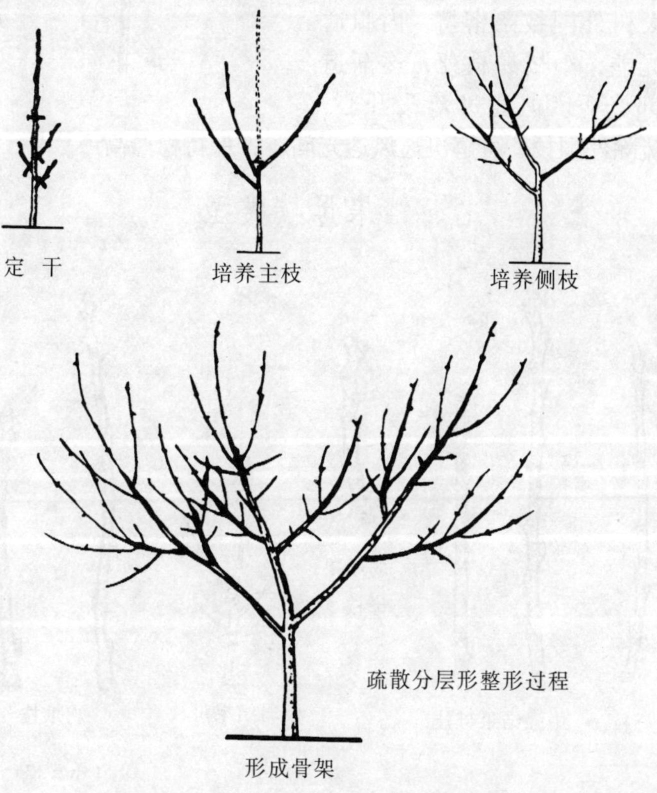

疏散分层形整形过程

3. **多主枝自然圆头形**

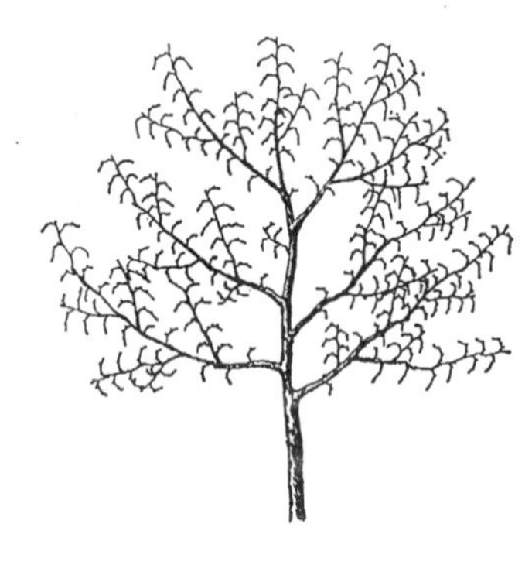

主枝6~8个，轮生排在主干上，主枝间距50~60厘米，每主枝上着生2~3个侧枝，上部几个主枝常生长势相差不大，没有明显的中央领导枝，树冠呈圆头形。该树形顺应枣树的发枝特性，修剪量小，枝条多，产量高，但盛果期大树外围枝条密挤，内膛通风透光差，小枝易枯死，逐渐造成下部光秃。但通过落头开心，适当疏除外围枝，可解决通风透光问题，保持稳产高产。

七、结果母枝类型

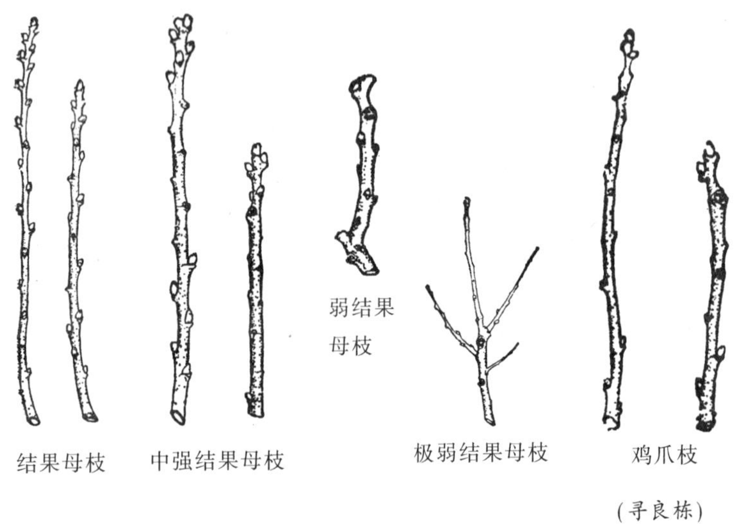

(寻良栋)